度心術

李義府◎原著
曾珮琦◎譯註

好讀出版

導讀

宰制、控制人心的御人學

《度心術》創作目的

《度心術》是唐代李義甫所撰的陰謀權術書籍，論述陰謀權術思想的書籍在中國歷史典籍來說並不算少見，舉個例子來說，先秦時期韓非所著的《韓非子》雖然是法家的論著，但其中也不乏陰謀權術的論述，在〈主道〉、〈揚權〉這兩篇中，論述了人主如何控制臣下的統御之術；而《度心術》與《韓非子》有異曲同工之妙，《度心術》同樣是人臣獻給君主的治國策略，但它所側重的不是像《韓非子》那樣的以法令制度爲展開的系統性論述，所著眼點也並非以法術勢來治國，而是以「人心」爲著眼點，如何宰制、控制人心才是本書的重點。

對一名君主來說，首先要能了解人臣的心意，進而用不同的手段去控制臣子，令臣子對人主心悅臣服，再無異心，那麼這便是成功的策略。因此《度心術》這本書著重的是對人心的探討，只要能夠了解人心，那麼就能夠去控制、征服人，和以往的權謀書籍不同的是，本書更強調對人性、人心的探討，進而征服、控制人心。

在此舉例來說明，《度心術》中說：「狡吏恃智，其勇必缺，迫之可也。悍吏少謀，其行多疏，挾之可也。」這句話意思是說：「性格狡猾的官吏所能依靠的只有他們的智慧，必定缺少勇氣，以威勢逼迫可使他們就範。兇悍的官吏缺少智謀，他們的行爲有許多疏漏之處，要挾可令他們服從。」

這裡先對官吏的性格予以剖析，官吏依他們的性情，可以區分爲奸詐狡猾與凶狠殘暴兩種，而性情狡猾的官吏的優點是他們很聰明，懂得審時度勢、鑽法律漏洞，爲自己尋找有利的機會，但是這樣的人必定缺少勇氣，面對強大的敵人不敢直接面對他，因此想要降伏他們就利用君主的威勢。對於凶狠殘酷的官吏，他們只知用武力應付對手，但行事過於魯莽，思慮不周，因此在行事上往往留下許多漏洞，人主可以找出他們的弱點予以脅迫，這樣他們就會乖乖就範了。

這是對人性的剖析，也是對人心的洞察，等到人主對人的性情有所掌握之後，便可以制定相應的策略，或控制他們，或令他們心甘情願爲他所用，這便是《度心術》想要達到的目的。

《度心術》與儒家、道家論述分別

《度心術》對人心與人性的分析，只局限於人所表現出來的行爲與品性來做討論，這是出於政治目的的需要，幫助人主能快速掌握臣子的性情，以及令他們能爲己所用的方法，而缺少了像儒家那樣對人心與人性有一套系統性的論述，也不像道家在心上開展的修養工夫之論述。

儒家思想自先秦開始，以孔孟學說爲代表，至宋明理學集其大成，其中心思想以仁心來開展，圍繞著道德實踐的問題，建構一個完整的哲學體系。

在儒家思想中認爲每個人都有仁心，這是每個人生來就有的，因爲有了仁心，所以才會有道德實踐的要求，即當我們看到一個小孩子遭遇危險時，會無條件的去救他，這就是孟子所說的：「所以謂人皆有不忍人之心者，今人乍見孺子將入於井，皆有怵惕惻隱之心。非所以內交於孺子之父母也，非所以要譽於鄉黨朋友也，非惡其聲而然也。」《孟子．公孫丑上》這段話的意思是說：「人都有不忍心見到別人受苦難的心，有人看到有小孩子快要掉到井裡去，心中都會升起怵惕惻隱之心。想去救這個孩子，不是因爲想要去結交這個孩子的父母，也不是要鄉里的人來表揚他，也不是因爲討厭孩子啼哭的聲音。」如果沒有去救這個孩子，我們就會感到良心不安，這個不安就是出自於仁心的要求。仁心是人之所以爲人，與禽獸之間的最大區分。

老莊道家對於人心的探討，是在工夫修養的層面上，所謂的工夫修養，是指我們透過心上的修養，可以從有限的生命型態超越至無限的生命境界，《莊子．逍遙遊》中以鯤這條有幾千里長的大魚，一飛沖天成爲一隻大鵬鳥，這隻大鵬鳥要從北冥飛往南冥，象徵著人的生命境界，從有限的心知執定中超脫出來，蛻變成無限的生命型態。道家的修養工夫是圍繞著「致虛守靜」來建構的，「致虛」就是讓我們的心保持在一種靈動的狀態，無論是心對善惡美醜等相對的價值標準的認知，都不會把這些價值標準當成唯一的眞理，用它去評定衡量天下的人，這樣的心就是虛的，就像一個空的杯子一樣，可以不斷的往裡面注入水也不會滿出來；反之，若是心執定相對的價値標準，我們就會用這個標準去要求對方，那麼心就變成僵化的，例如：在大眾交通運輸工具上設置博愛座，用意是要讓大家禮讓老弱婦孺，但若是自以爲是老弱婦孺，別人就應該讓位給我，而當對方沒有讓位時，就指責對方，這樣的心就失去靈動，無法再接納其他不同的觀點。「守靜」，是當心不去執定相對的價値標準時，自然也不會去追求它，那麼心就能靜下來，我們的心就能保持在一種寧靜自在的狀態。

雖然《度心術》不像儒、道、法三家學說，對於人心與人性有系統性的開展與論述，權謀運用也僅止在人的行爲表現上，因而缺乏哲學性，這大概也是研究探討這本書的文獻稀少的原因。然而本書對於現代人來說，無論是在職場或者是待人處世上，仍然有參考與借鑒的價値，特別是對於領導者來說，他們需要了解下屬的性情與心理，才能知人善任，並且運用權術讓他們心甘情願的爲領導者所用，這在領導管理上仍有極高的參考價値。

《度心術》作者李義府其人

本書的作者李義府，是唐代瀛州饒陽（今河北省衡水市）人。貞觀年間，李大亮巡察劍南，頗爲賞識李義甫的才幹，便上奏表向太宗舉薦。李義甫參加太宗主持的科舉考試中選，補門下省典儀。高宗即位後，升遷他爲中書舍人，兼修國史，進弘文館學士。

太尉長孫無忌不喜歡他，要將他貶至壁州（位於今四川省通江縣一帶）做司馬。後來他巴結當時深受高宗寵愛的武昭儀，當時高宗想立武昭儀爲皇后，群臣因她曾經侍奉過高宗的父親太宗而反對，李義甫看準皇上的心理，就表示贊同且替武昭儀掃清反對她當皇后的阻礙。最後，武昭儀被立爲皇后，李義甫也因上奏有功，升官爲中書令、檢校御史大夫，後晉升爲太子賓客。順利成爲高宗的寵臣。

李義府後來因爲收受賄賂等罪行而被革職，流放巂州，最後含恨而終。李義甫的爲人算不上是個正人君子，然而他從原本要被流放，卻懂得審時度勢，巴結當時受寵的武昭儀，因爲這樣才得以加官晉爵，從這一點上看他也算是成功人士的代表。即便他的人品有所缺失，然而他也的確懂得官場生存之道，否則早就被貶出京，也不會有後來的飛黃騰達。由此可知，他撰寫的《度心術》仍具有參考價值，在看這部書的時候，不妨吸取前人成功的經驗，而記取他失敗的教訓，這樣才是活用書本中的知識。

本書編著說明

本書翻譯了《度心術》的全文，並以歷史故事來佐證，帶領讀者了解本書的思想。

筆者在原文的翻譯上，採取的是以上下文意所形成的語文脈絡來做詮釋，而非只著重於字面上的理解。因爲一個字、一個詞乃至於一句話的形成，有它獨特的語文脈絡，必須放在這個脈絡去理解，才能做出較爲貼近經典原文的詮釋。

此外，本書的歷史故事是參照正史，並根據《度心術》的思想脈絡撰寫出來的小品故事；換言之，本書是以歷史故事作爲詮釋的手段，其目的在於幫助讀者掌握《度心術》的原文，而非是鉅細靡遺的將歷史事件的發生過程敘述一遍，因爲歷史事件有其發生的社會背景與情境脈絡，這與《度心術》的思想脈絡不可能完全一致，爲了以歷史故事來作爲《度心術》的思想詮釋，無可避免的會有些虛構的成份，但這是建立在不扭曲歷史的基礎之上。

在參考書籍方面，本書主要依據二十四史與清史稿，並輔以《世說新語》、《太平御覽》、《東周列國志》、《列女傳》等書改編成白話的歷史故事，在取材方面堪稱可信。

度心術

目次

CONTENTS

度心卷

吏者，能也，治之非易焉。仁者，鮮也，御之弗厚焉。

志大不朝，欲寡眷野。才高不羈，德薄善詐。民之所畏，吏無懼矣。

狡吏恃智，其勇必缺，迫之可也。悍吏少謀，其行多疏，挾之可也。廉吏固傲，其心系名，譽之可也。治吏治心，明主不棄背己之人也。

知人知欲，智者善使敗德之人焉。

原文

吏者，能也，治之非易焉。仁者，鮮也，御之弗厚焉。

譯文

官吏，是有才能的人，要管理他們不是件容易的事。有仁德的人，是很少的，想要統御他們，不能太過寬厚。

事典

治理鄴城有方的西門豹

西門豹是戰國時代的魏國人，當時鄴城缺一名縣令，宰相翟璜就向魏文侯推薦說：「鄴城位置重要，與韓趙兩國接壤，需要一位有能力、有才幹的人去鎮守，這個人一定得是西門豹。」魏文侯採納他的建議，就派西門豹前往。

西門豹一到鄴城看見街道冷清，人煙稀少，就把地方上的父老叫來，問他們說：「這裡的百姓生活有甚麼困難嗎？」父老回答：「大家在爲河伯娶妻的事情擔憂，所以地方上很貧窮。」西門豹說：「這眞是件奇怪的事，我從來沒聽說過河伯也能娶妻的，你趕緊給我講講。」父老回答：「有一條河流經鄴城，叫做漳河，河伯就是漳河之神。這個神明喜歡美女，每年都要娶一名新夫人。如果百姓將美女嫁給他，河伯就會保佑地方上風調雨順，否則將會觸怒河神，導致河水氾濫，將有無數百姓會被淹死。」西門豹問：「這件事是誰先提出的？」父老回答：「是當地的巫師說的，我們都很害怕水患，沒人敢不聽從。每年地方上的豪紳與縣令的從屬官員，就會和巫師謀劃，向人民徵收數百萬的賦稅，挪出二、三十萬，作爲河伯娶妻的費用，其他的錢他們自己分掉。」西門豹說：「百姓難道沒人抗議嗎？」父老回答：「巫師負責主持祈禱的事務，三老（掌教化的鄉官）與縣令屬官四處奔走也很辛勞，他們分這些錢，百姓們權當是車馬費，也心甘情願。巫師挨家挨戶尋找適合獻給河伯的女子，長得稍微好看點的，就說：『這名女子應當給河神做妻子。』要是這戶人家不肯，就拿錢財賄賂巫師，另尋其他女子。貧窮人家無錢賄賂，就只好獻出女兒。巫師在河邊設置齋宮，布置好帷幕床席，讓獻祭的女子沐浴更衣，坐在齋宮裡面。占卜吉日，就造一條小船，讓女子上船，在河上漂流。剛開始還浮在水面上，不久就淹沒在水中。有些人家愛護女兒的，就帶著女兒逃走，所以城內人煙稀少，又加上貧困，這種情況已經持續好多年了。」西門豹問：「貴縣曾經有受到水患的侵擾嗎？」父老回答：「仰賴每年送美女獻祭給河神爲妻，不曾觸怒祂，雖然水災難免，幸好本縣地勢高，河水難以淹沒，每逢乾旱時節，又有旱災之苦。」西門豹說：「河神既然靈驗，要送女子嫁給河神時，我也當親自前往送行，為你們這些百姓祈禱。」

到了獻祭的日子，父老就前來向西門豹稟告，他穿戴整齊就親自前往河邊。縣中的官員，三老、富戶、里長、父老，都聚集在此，百姓無論住得遠或近都前來赴會。三老、里長等人，向西門豹引薦大巫師，居然是一名老女人，她身後跟隨小巫女弟子二十幾人。西門豹說：「大巫師辛苦，請您叫要獻給河神為妻的女子前來，我想見一見。」老巫師就叫弟子前往叫喚，不久一名穿著鮮豔衣裳的女子前來，相貌平平，並不十分出色。西門豹就對眾人說：「河伯是尊貴的神祇，要獻給祂的妻子，必須是絕色佳人才能相配。這名女子相貌平庸，勞請大巫師替我前往稟報河伯，替我傳話說：『另覓絕色佳人，改日再獻給河神。』」西門豹身邊的衙役官差，就一起抱著老巫師，將她丟到河裡，旁邊的人都大驚失色，但礙於西門豹縣令的身分，沒人敢多說一句話。西門豹等了很久，河面都沒任何動靜，他就說：「老巫師年紀大了，做事情不老練，到現在還沒來回話，你們這些弟子替我前去催催。」又命人把小巫師一名丟到河裡，過了許久，仍未見回復。西門豹說：「老巫師和她的弟子都是女流之輩，想必話說不清楚，勞煩三老前往替我傳話。」又命人把三老丟進河中，等了一段時間，仍然不見回覆。西門豹等得不耐煩，就想要把縣中官員與豪紳各一人丟進河中，他們跪下向西門豹苦苦哀求，西門豹才說：「好吧！那我就再等等看。」過了許久，仍無動靜，西門豹就很生氣的說：「我派去的人，沒有一個回來覆命的，你們說的河神在哪裡？藉口河神娶妻，向人民斂財，枉殺無辜女子，你們這些人該當償命。」眾人都跪地叩頭認罪說：「小民也是被大巫師給欺騙，這不是我們的罪過啊！」西門豹說：「大巫師已經死了，以後誰再說要替河神娶妻，我就把他丟進水裡，向河神稟告。」西門豹就把縣中官員與地方豪紳這些年所收刮的錢財，全部追還並還給人民，從此鄴城十分太平，百姓們安居樂業，再也沒有河神娶妻這種荒唐事情發生。

西門豹治理有方，人民不敢欺騙他，這件事傳到魏文侯耳中，文侯也稱讚他說：「鄴城的官員自以爲很有才幹，不服從縣令的領導，只有西門豹恩威並施才能讓他們心服口服。」

人物

西門豹，生卒年不詳，戰國時代魏國安邑（今山西夏縣）人。魏文侯時，翟璜推薦他擔任鄴城縣令，破除河伯娶妻的陋習，開鑿運河，引河水灌溉，使得當地百姓安居樂業。

釋評

這裡闡述的是領導者的統御能力，如何讓下屬服從上位者領導的問題。在古代最高領導人就是君王，下屬則是官吏，每位官員都是經過選拔的優秀人才，有才華的人難免心高氣傲，誰也不服誰，想要他們乖乖服從領導者的命令，並不是一件容易的事。事典中的西門豹，雖然是臣子，但對於鄴城來說，他就是一方的首長，他初掌管鄴城時，發現縣城裡的官員與鄉紳富豪藉著河神娶妻的名義，向百姓強徵賦稅，導致民不聊生。西門豹當然知道這是斂財的手段，但他十分聰明，不直接戳穿他們的詭計，而是將計就計，把老巫師、三老等主謀丟到河中去向河神傳話，結果半天都得不到回應，這才使得他們的計謀不攻自破。對付這些不仁不義之徒，不需要對他們太過寬厚，就應該像西門豹這樣，應該使用威勢去震攝這些爲非作歹的官吏與鄉紳富豪時，就不吝惜的去使用，這樣他們才會有所收斂，所以後來鄴城的官員與鄉紳富豪，再也不敢向百姓施暴了。

名人佳句

明主之所導制其臣者，二柄而已矣。二柄者，刑、德也。何謂刑德？曰：殺戮之謂刑，慶賞之謂德。

這句話出自戰國時代韓非所撰寫的《韓非子·二柄》，意思是說：「英明的君主能夠統御群臣的方法，唯有兩個權柄而已。這兩個權柄就是刑與德。甚麼是刑德？回答說：『殺戮稱為刑，恩賞稱為德。』」臣子自恃他們的才能或者依恃他們的功勞，而不服從君主的領導。想要解決這個問題，人主要善用手上的兩個權柄，一是生殺大權，凡是犯法的臣子就該受到處罰；二是恩賞，有功的臣子就要封賞。善用這兩個權柄，就能令臣子心悅臣服，甘願為君主效命。

原文

志大不朝，欲寡眷野。

譯文

有遠大志向的人不入朝爲官，欲望淡泊的人眷戀民間。

事典

不願出仕的許由

上古時期堯帝時代，有一名隱士許由，堯帝聽說他出眾的才能與智慧，就想要把帝位禪讓給他。

堯帝找到許由後，對他說：「先生，您的品德高潔，如同站在山崗之上讓眾人仰望，您甚麼都不做，只是站在那裡，就能讓百姓安居樂業，而我卻佔據君主的位子，實在是汗顏啊！我自認德行有虧，想把天下的權位讓給您。」許由反問：「難道在堯帝您的心中，我是個貪慕名利與富貴的人嗎？」堯帝回答：「當然不是，先生隱居在穎水之濱，與世無爭，怎麼會是追名逐利的人呢？」許由說：「既然如此，您為甚麼要讓我放棄本有的天真自然，去追求名利權勢這種虛假的東西呢？您居於帝位，把天下治理得井井有條，現在又要讓我來取代你當帝王，不是等於要我掛著帝王的虛名，沽名釣譽嗎？」堯帝說：「雖然先生您如此說，我還是希望您能考慮一下。」許由不想接受，於是就逃走了。

許由走到半路，遇到熟人齧缺，齧缺就問他說：「你走那麼快，是要到哪裡去呢？」許由回答：「我在躲避堯帝，因為他要把帝位讓給我，我不想接受。」齧缺感到疑惑，便問：「這難道不是好事嗎？你為甚麼要躲呢？」許由說：「堯帝只知道賢能的人對天下有利，卻不知道賢能的人也能竊害天下，眞正賢能的人會把名利權勢看得很淡，只有那些想要爭名奪利的人，才會在乎權位，他們打著賢能的名號，卻做著危害百姓的事。我才不是這種人，不想被世俗給汙染了。」

許由說完就躲到穎水的東面，隱居在箕山，一點也沒有要接任帝位的意思。堯帝又派人請他入朝為官，許由不想聽到這樣的話，就跑到河邊去洗耳朵。剛好他的朋友巢父牽一頭牛來河邊喝水，見到許由在洗耳朵，就問他：「你為甚麼在洗耳朵呢？」許由回答說：「堯帝要召我去當官，他明明知道我厭惡從政，卻還要用這些世俗之言語來汙染我的耳朵，所以我才跑來這裡清洗。」

許由堅決不出仕，他躲在山林中，堯帝也拿他沒辦法，也就隨他去了，許由死後葬於箕山山頂，也被稱爲許由山。堯帝封他爲箕山公神，享受後人的祭祀，到現在還有人去祭拜他。

人物

堯，姓伊祁，陶唐氏，名放勳，上古五帝之一，是賢明的君主，後禪讓帝位於舜。

釋評

一旦進入官場，無論是多麼清高自持的人，難免會同流合汙。就算是再清廉的官吏，面對名利權勢的誘惑，也難免會動心。心懷遠大志向的賢者，品德高潔的人，不會受到名利權勢的引誘，所以他們往往拒絕出仕，寧願隱遁山林，過著與世無爭的生活，也不願被世俗給汙染。

許由就是一個淡泊名利的人，堯帝要把帝位讓給他，這是至高無上的榮耀，然而許由對於權勢名利毫不動心，反而覺得堯帝這麼做是看不起他，以爲他和那些只知追名逐利的世俗人一樣，看重這些外在的虛名，所以許由意志堅定的拒絕了。

名人佳句

富貴非吾願，帝鄉不可期。

這句話是東晉陶淵明所說，摘錄自《歸去來辭》，意思是說：「富貴並非是我所想要追求的，晉身仕途遙遙無期。」古代讀書人，都希望可以入朝為官一展長才，然而進入官場，有了身分地位之後，隨之而來的就是名與利，雖然這是許多人夢寐以求的，而然對於品德高潔的隱士來說，名利與富貴對他們反而是枷鎖束縛。因為一旦獲得身分地位與權力之後，難免要對權貴阿諛奉承，若是得罪權貴，輕則被免除官職，重則身家性命都難保。陶淵明正因為不願向權貴低頭，不屑為「五斗米折腰」，才寧可辭去官職，回鄉種田過著刻苦的退隱生活。

原文

才高不羈，德薄善詐。民之所畏，吏無懼矣。

譯文

才能傑出的人往往放蕩不羈，德行淺薄的人善用陰謀權術。百姓畏懼的事，官吏無所懼怕。

事典

才高不受重用的曹植

三國時代曹操的兒子曹植，十幾歲時就能下筆成文，流利的背誦《詩經》、《論語》與辭賦－幾萬字。有一次，曹操看他寫的文章，很驚訝的問：「這篇文章用辭精妙，你是找誰代筆的？」曹植跪下說：「兒臣出口成章，下筆成文，您若是不相信可以當面考較兒臣，兒臣何必去找人代筆？」那時銅雀臺剛剛蓋好，曹操就命他的兒子們，為銅雀臺作賦一篇，曹植下筆馬上寫成，文筆甚佳，很得曹操的讚賞。曹操很欣賞曹植的才華，加上他穿著樸素，不鋪張浪費，每次曹操問他問題，他必定恭敬的回答，如此一來曹操也特別寵愛他。

曹植與楊修、丁儀等人交好，他們都在曹操面前替他說好話，曹操好幾次想要立他爲太子。曹丕得知此事，心懷妒忌，就想要耍手段，打擊曹植。丁儀看出端倪，就勸曹植說：「你雖然因爲過人的才華受到陛下的賞識，然而你行爲太過任性放縱，喝酒又不知節制，在人面前也不懂得掩飾自己的缺點，這樣很容易給人把柄攻擊。現在陛下還沒有欽定繼承人，萬一他改變主意立曹丕爲太子，你該當如何？」曹植不以爲意的說：「那又如何？父王雖然有眾多兒子，但沒有一個才華能比得上我，況且父王看重的是我的才華，又不是因爲我會阿諛奉承，要我做那些矯揉做作的事情，我才不幹。」

曹丕爲人心機深沉，他故意在曹操面前掩飾自己的缺點，展現自己的優點，時不時在曹操面前說曹植的壞話，曹操受到曹丕的影響，逐漸疏遠曹植。有一次，曹植違反宮規乘車在馳道上行駛，打開司馬門出宮，這件事被曹操知道了，非常生氣他嚴懲掌管宮門的官吏，他對曹植的寵愛日漸衰減，後來決定立曹丕當太子。

等到曹操逝世，曹丕即帝位後，曹植與各諸侯全都返回自己的封地。後來曹植因爲酒醉傲慢無禮，威脅曹丕派去的使者，而被降爵爲安鄉侯。曹植因而鬱鬱寡歡，常常感嘆：「我空有滿腹的學問，卻不受到重用。」他多次上書，請求朝廷任用，有大臣對曹丕說：「曹植一向有凌雲壯志，如果陛下重用他，那麼他很難謹守臣子的本份，恐怕會威脅到陛下的帝位。」就因爲如此，曹丕始終沒有任用他，曹植為此常常惆悵感嘆，四十一歲就生病過世了。

人物

曹植，字子建，三國時代曹魏沛國譙縣（今安徽亳州）人，曹操的第四個兒子，魏文帝曹丕是他的哥哥。擅長寫作文章辭賦，能夠七步成詩，文學上造詣頗高。封陳王，謚號思。著有《洛神賦》、《銅雀臺賦》等文章。

釋評

才華與能力出眾的人，難免心高氣傲，這樣的人難以被管束，行事往往隨心所欲，不將法律規條放在眼裡。品德淺薄的人，擅長使用陰謀權術，打壓別人，從中牟利，把對自己不利的局面變成有利。就如同曹丕與曹植這對兄弟一樣，曹丕自知才華不如曹植出眾，但他懂得在曹操面前掩飾自己的缺點，展現自己的長處，待取得曹操的信任與喜愛之後，再揭露曹植的缺點，如此便成功的讓曹操不再寵愛曹植，立自己為太子。反觀曹植，他雖然有滿腹的才華，但卻恃才傲物，在曹操面前不懂得掩飾自己的缺點，反而讓曹丕有了可趁之機。

無論是官吏還是受分封的諸王，他們擁有權勢，即便是做一些違法的事情，官府也不敢貿然問罪；但布衣百姓不同，他們無權無勢，面對官吏的欺壓，只能忍氣吞聲。因此，曹丕即帝位後，才不敢任用曹植，因為曹植擁有了實權之後，就有了可以與曹丕分庭抗禮的籌碼，屆時如果朝中大臣擁戴他，那麼曹丕的帝位很有可能會不保。

名人佳句

讒佞作威，而忠貞者切齒。

這句話出自晉代葛洪所撰的《抱朴子．博喻》，意思是說：「以讒言構陷他人的奸佞，藉著權勢欺壓別人，是忠誠的良臣所痛恨的。」小人為了得到更高的權勢地位，總是在君王面前詆毀陷害忠良，而忠良往往都是正人君子，不屑用這種卑鄙的手段得到權勢，往往都是被陷害的那一方。曹丕就是這樣的小人，他在曹操面前說曹植的壞話，玩弄手段讓曹植在曹操面前顯現自己的缺點，曹植因此被陷害，逐漸失去曹操的寵愛。

度心術

原文

狡吏恃智，其勇必缺，迫之可也。

譯文

狡猾的官吏所能依靠的只有他們的智慧，必定缺少勇氣，以威勢逼迫可使他們就範。

事典

嚴懲豪紳的尹翁歸

尹翁歸是西漢時代的官吏，他從一名管理監獄犯人的小官做起，懂得法律，喜歡擊劍，沒有人是他的對手。當時大將軍霍光主持朝政，霍氏家族地位也跟著顯赫起來，他們的家奴往往聚集在街市鬥毆，吏卒都拿他們束手無策，等到尹翁歸做了管理市集的官吏後，再也無人敢在市集上鬥毆。尹翁歸不僅整肅治安很有一套，而且他很清廉，從不接受賄賂，商販們都很畏懼他。

尹翁歸後來閒居在家，河東太守田延年巡視到了平陽，召見曾經擔任過吏卒的人，一共有五、六十人，命令擅長文章辭賦的人站在東邊，擅長武力的站在西邊。他查看了數十人，等輪到尹翁歸時，只有他跪在地上不肯起來，田延年問：「你爲甚麼跪在地上呢？」尹翁歸回答說：「在下能文能武，還請太守您分配適當的職務給我。」太守身邊的官員斥責他說：「你這個人怎麼如此傲慢？居然敢說自己文武全才，你又有何過人之處？」田延年說：「毛遂自薦的人自古有之，他不過直言而已，這又有甚麼關係呢？」田延年召他上前詢問，問了他許多問題，他都能對答如流，田延年覺得很驚訝，於是就命他擔任卒吏，隨自己回到縣衙。尹翁歸審理案件，能夠揭發隱藏的奸情，探詢事情的原委，田延年十分看重他，就將他調任督郵。

不久，尹翁歸因政績卓越，被任命爲東海太守，他剛上任沒多久，就聽說當地有個大豪紳叫做許仲孫，爲人奸詐狡猾，時常擾亂治安，在郡縣爲非作歹。郡守時常想到逮捕他，卻一直沒人能將他制伏。等到尹翁歸上任後，向當地百姓了解情況之後，就決定要嚴懲許仲孫。尹翁歸的幕僚就對他說：「許仲孫這個人奸詐狡猾，仗著在地方上有聲望就仗勢欺人，而且他頗有小聰明，每次犯案之後，總能憑藉著勢力狡詐的逃脫，地方上的官吏都拿他莫可奈何。」尹翁歸說：「他之所以爲非作歹，無非是倚仗他在地方上的權勢，只要先逮捕依附他的地方惡霸與市井無賴，就沒有人會去幫助他，屆時就算他再奸詐狡猾，也發揮不出來，還愁無法逮捕他嗎？」幕僚說：「這個辦法雖然好，就怕執行起來有困難，許仲孫在當地勢力龐大，沒有人敢得罪他，更何況是舉報依附他的人。」尹翁歸說：「這種奸詐狡猾的人，之所以可以橫行無忌，無非依靠的是他們的小聰明，其實他自身非常膽小，只要在上位者以權勢威逼，我不相信他不會害怕。」

沒多久，尹翁歸就逮捕了許仲孫並判處死刑，押到市集上處死，圍觀的人紛紛害怕得發抖，沒有人再敢違背法令，從此東海這個地方安定太平。

人物

尹翁歸，字子兄，生年不詳，卒於西元前六二年，西漢河東郡平陽（今山西省臨汾市）人。擔任東海太守、右扶風等官職。爲官清廉，對待百姓很寬容，對待豪紳就採取嚴刑峻法的手段，被他治理的地方治安都很太平。

釋評

狡猾的官吏，之所以能貪贓枉法、爲非作歹，所依靠的不過是他們的智慧，而只懂得鑽法律漏洞，在君王面前賣乖弄巧，根本算不上眞正的智慧，只能說是有小聰明罷了。只會賣弄小聰明的人，本身是很膽小的，他們不敢跟人正面交鋒起衝突，只敢在背後使些陰險的招數，陷害別人，所以讓人防不勝防，君王對這種小人最是頭痛。然而，正因爲他們只敢耍陰招，顯得他們很膽小，這時只要以權勢和威嚴去壓制他們，就能令他們心生畏懼而不敢興風作浪。因此，在上位者要有魄力，要懂得運用自己的權勢和威嚴，不要被這種小人牽著鼻子走，吏治方能清明。

這裡所說「狡吏」，雖然指的是官吏，然而人性皆是相通的。無論是官吏還是豪紳抑或是市井小民，都存在這樣狡猾膽小的非法之徒。就如許仲孫一樣，他雖然只是地方上的豪紳，然而他和官吏一樣有勢力與財力，能讓百姓聽命於他，這樣的人對於地方上是有一定的影響力。正因爲如此，他爲非作歹起來，才讓那些官員都對他束手無策，只有尹翁歸這樣有魄力的官員，直接以威權去逼迫他，以法律去制裁他，才能眞正地拔除這顆毒瘤。

名人佳句

慶賞以勸善，刑罰以懲惡。

這句話是出自戴德所編纂的《大戴禮記》，意思是說：「獎賞可以鼓勵善行，刑罰可以嚴懲惡人。」對於統治者而言，適當的獎賞與懲罰臣下是必要的統御手段，因為適當的獎賞可以鼓勵臣下認真做事，從事善行；刑罰對於那些作奸犯科的臣子，有威嚇阻止的作用，使他們不敢輕易的觸犯法令。賞與罰，如果運用得當，就能把臣子管束好，國家也就能安定了。

度心術

原文

悍吏少謀，其行多疏，挾之可也。

譯文

兇悍的官吏缺少智謀，他們的行爲有許多疏漏之處，要挾可令他們服從。

事典

說服悍吏的周敦頤

北宋的周敦頤，他任職分寧縣主簿時，有一個案子拖了很久都無法判決，周敦頤上任不久，一經審訊就馬上有了決斷。縣城裡的百姓都很震驚，說：「正所謂新官上任三把火，周大人斷案果斷，眞是令人佩服，前任的官員眞是不如他啊！」有官員推薦周敦頤，調到南安軍做參軍，有一名囚犯按照律法不應當處死，但是轉運使王逵卻要判他死刑。周敦頤想要和王逵據理力爭，有人勸他說：「王逵是一名兇悍的官員，大家都怕得罪他，不敢和他爭辯，大人您還是睜一隻眼，閉一隻眼吧！」周敦頤不服氣的說：「我身爲朝廷命官，就應當按照律法來判刑，有罪的當罰，沒罪的就赦免他，現在這個人罪不至死，我若是因爲怕得罪兇悍的官吏就不替這個人伸冤，難道讓他含冤莫白的死去嗎？」周敦頤不理會這個人的勸告，和王逵爭辯，王逵不採納他的意見，周敦頤就很生氣的把笏板丟在地上，要辭官歸隱，他氣憤的說：「這樣的官還能繼續做嗎？要我不分青紅皀白的殺人，去取悅上司，雖然能獲得一時的加官晉爵，然而也會把柄落在別人的手上，以後還不是受人挾制，任人擺布，這樣的事情我不屑去做。」王逵聽了這番話之後，突然省悟過來，說：「以前的我只看到眼前的利益，而沒有深思熟慮，周大人這一番話，眞是一語點醒夢中人，讓我省悟過來。」於是就赦免了那個囚犯的罪。

人物

周敦頤，字茂叔，宋道州營道（今湖南省道縣）人，生於西元一〇一七年，卒於西元一〇七三年，著有《太極圖說》，是宋代理學的創始者，著名宋代理學大家程顥、程頤都是他的學生。世稱濂溪先生，卒謚元公。他喜愛蓮花並著有〈愛蓮說〉散文一篇，歌詠蓮花。

釋評

悍吏與狡吏相反，狡吏之所以能貪贓枉法，是因爲憑藉著他們的小聰明，但卻缺乏勇武；悍吏，能逞兇作惡，全憑他們的兇狠的手段，但缺乏智謀，所以只要抓到他們的把柄，就能令他們服從。

王逵雖然是悍吏，許多人都拿他無可奈何，他爲了一己的私利，昧著良心要處死一名無罪的囚犯，周敦頤就利用這一點，指責他的錯處，加以抨擊，令王逵及時省悟，最後放了那名囚犯。周敦頤不僅救了一名囚犯，也令王逵改過向善。

名人佳句

尚名好高，其身必疏。

這句話是魏晉時代的王弼所說，摘錄自《道德真經註》，意思是說：「崇尚虛名好高騖遠的人，他的行為一定有疏漏之處。」悍吏之所以兇悍，就在於他想要獲得更高的權勢與地位，而權勢地位皆是虛名。凡是汲汲營營追求外在名利權勢的人，一定會不擇手段，那麼他就會行差踏錯，最後導致惹禍上身。

原文

廉吏固傲，其心系名，譽之可也。

譯文

清廉的官吏心高氣傲，一心想要博取美名，只要稱讚他就能令他效命。

事典

爲官清廉的劉寵

東漢劉寵是齊悼惠王的後代，從小受到父親的教導，學問淵博，因爲通曉經典而被推舉爲孝廉。他被朝廷任命爲東平陵令，因他勤政愛民深受官吏與百姓的擁戴。不久，他的母親生病，他要回鄉侍奉母親而辭官，前來送行的百姓把道路都阻塞了，車子無法前進，他只好換上輕便的服裝悄悄回去。

後來劉寵被任命爲會稽太守，山裡的百姓民風淳樸，有許多人頭髮白了都沒有進過縣城，常常被官吏所煩擾。劉寵就簡化繁瑣嚴苛的法令，禁止官吏無故侵擾百姓，監察非法的行爲，在劉寵的治理下，縣中治安風氣改善許多。

後劉寵將要升職入京，山陰縣有五、六位老翁，眉毛和頭髮都白了，他們從若邪山谷中出來，每個人拿了一百文錢送給劉寵。劉寵就問：「感謝諸位老先生厚愛，但這些錢都是你們辛苦存下來的，我不能收。」老先生們就說：「我們一輩子都住在山谷裡，從未見過太守。別的太守都向人民嚴苛賦稅，即使到晚上也不停歇，我們常常一整個晚上都聽到狗叫聲，讓我們老百姓不得安寧。自從大人來到這裡以後，就再也沒有官吏前來徵收賦稅，晚上也聽不到狗叫聲，終於能睡好覺。我們好不容易才盼來大人您這樣賢明的太守，可是聽說您近日要升職離去，我們都很捨不得您，所以前來送行。」劉寵說：「我的施政哪裡有像您說得這樣好，還勞煩老人家親自來送。既然是諸位一番好意，我就卻之不恭。」劉寵就從每個人手裡選一枚比較大的錢幣收下。

漢桓帝劉志聽說劉寵的政績，就想重用他，但又擔心他不肯答應。親近的大臣就對皇帝說：「臣聽說清廉的官吏素來心高氣傲，他們一向愛惜自己的名聲，只要陛下大加讚譽，何愁劉寵不能爲您所用？」漢桓帝聽了覺得很有道理，就召見劉寵，並且大大的讚揚他。劉寵拜謝說：「陛下如此讚譽，臣受之有愧，替百姓服務這是父母官應盡的職責，不敢居功。」劉寵多次出任公卿宰相，受到皇帝的重用，但他爲官清廉，家中也未曾積累貴重的財物和積蓄。

人物

劉寵（生卒年不詳），字祖榮，東漢牟平人。出任濟南郡東平陵縣令。後升任豫章、會稽太守。政績顯著，深受百姓愛戴，後升職入京，歷任宗正（位列九卿之一）、大鴻臚、將作大匠、司空、司徒、太尉等職。漢靈帝建寧二年（西元一六九年），被免職返鄉，最後年老病逝在家中。

釋評

清廉的官吏雖然不貪汙，但卻心高氣傲，他們不畏強權敢於直言進諫，雖然頂撞統治者使其苦惱，然而他們的出發點都是爲百姓與國家著想。這樣的官吏應當重用它們，國家才能長治久安，然而他們孤傲的性格未必能甘心替統治者賣命，此時只要多加讚譽，賜給他們美名，那廉吏就會心甘情願爲君王效忠。

名人佳句

名節重泰山，利欲輕鴻毛。

這句話出自明代于謙的《無題》詩，意思是說：「人的名節如同泰山一樣重，個人利益與私欲如同鴻毛一樣輕。」人應該重視自己的氣節與名譽，不要輕易向世俗妥協，隨波逐流；把個人的利益與私欲放在最後，這樣就不會被欲望所驅使，為了追求名利權勢而不擇手段。否則，為了追名逐利而不擇手段，去做一些傷天害理的事情，不僅名節不保，還會害人害己，最終難逃法律制裁。

度心術

原文

治吏治心，明主不棄背己之人也。

譯文

統御官吏首先要先降服他們的心，英明的君主不會捨棄背離自己的人。

事典

不計前嫌的齊桓公

管仲是春秋時代的人，他年輕的時候和鮑叔牙交好，鮑叔牙知道管仲是個賢能的人。管仲和鮑叔牙曾一同去南陽經商，等到結算營收利潤時，管仲就故意少報數目欺騙他，自己拿多點錢。後來鮑叔牙知道這件事後，並沒有責怪他，有人對鮑叔牙說：「管仲怎能這樣呢？說好兩人一起做生意，他卻謊報數目欺騙你，實在是太過份了。」鮑叔牙說：「我知道管仲有不得已的苦衷，他家裡有個老母親要奉養，家中貧困，需要用錢，所以才出此下策，他並不是個貪心的人。」

後來鮑叔牙侍奉齊國公子小白，管仲侍奉齊桓公，因爲齊襄公暴虐無道，兩位公子紛紛離開齊國，公子糾前往魯國，公子小白則前往莒國。後來公孫無知篡位殺死齊襄公，公孫無知又被齊國人夫雍廩所殺，齊國內亂平定後，齊國人想要迎接公子回來即位，兩位公子都有繼承權，無論迎接誰回國都會得罪另外一個，齊國人於是約定誰先回國就先讓誰即位。公子糾聽到消息後，從魯國出發；公子小白則在鮑叔牙的勸說下，也從莒國趕回齊國。管仲爲了阻止公子小白回國，用箭射殺他，射中他腰間的帶鉤，公子小白詐死，這才瞞過管仲搶先返回齊國，就名正言順的繼任爲國君，是爲齊桓公。齊桓公即位後，公子糾與管仲逃到魯國。齊國威脅魯國，要魯國殺了公子糾，並且將管仲送回齊國，魯國不敢得罪齊國只好從命。

齊桓公問鮑叔牙：「如何才能把國家治理好？」鮑叔牙回答：「大王若只是想把齊國治理好的話，有臣與高傒就足夠了。但如果您想稱霸諸侯，那麼就非任用管仲不可。」齊桓公說：「管仲曾經差點殺了寡人，難保他沒有二心，這樣的人怎能重用呢？」鮑叔牙說：「昔日管仲侍奉公子糾，爲他才與大王爲敵，此乃忠君之舉，射殺大王是被情勢所迫。現在公子糾已死，管仲是個識時務的人，只要大王您誠心誠意親自去請，相信他爲了齊國百姓必定會答應，況且欲成大事者應當放下個人恩怨。若大王爲了報昔日之仇，而殺了一名賢臣，將來必定會後悔莫及。」齊桓公覺得鮑叔牙說得很有道理，就任用管仲爲宰相，有了管仲的輔佐，齊桓公因而得以稱霸於諸侯。

人物

齊桓公，春秋時代齊國的國君。生年不詳，卒於西元前六四三年。姓姜，名小白，襄公之弟。後即位爲齊桓公，任內重用管仲而稱霸諸侯，成爲春秋五霸之首。管仲死後因寵幸佞臣，疏忽政事，導致國力衰弱。卒謚桓。

釋評

這則文字也是旨在講述人主統御臣下的問題。英明的君主應該任人唯賢，那些擁有滿腹經綸的飽學之士，終其一生希望能遇到一位明主，可以讓他們一展長才實現抱負理想。然而，他們有可能遇人不淑，效忠錯了主上，而與統治者作對。英明的君主應當知人善任，放下身段與偏見，他們終會被人主的誠意給打動，而心甘情願爲他效命。因此，英明的君主應當寬宏大量，懂得去原諒那些曾經與自己爲敵的賢才，不計前嫌的委以重任，這樣這些賢才就會感念明主的知遇之恩，爲他出謀劃策。

齊桓公不計前嫌任用管仲爲宰相，就是一個很好的例子。管仲曾經爲公子糾效命，爲了擁護公子糾回齊國即位而射殺公子小白，待小白即位成爲齊桓公之後，他聽從鮑叔牙的話，非但不計較管仲差一點將他殺害的事情，還任用他爲宰相，這就是齊桓公能夠稱霸諸侯的原因。

名人佳句

傚小節者不能行大威，惡小恥者不能立榮名。

這句話出自漢代劉向編輯的《戰國策》，意思是說：「效仿瑣碎操守的人不能行使至高無上的威嚴，厭惡小恥辱的人不能建立榮耀的名聲。」沒有人能十全十美，人主不可能要求臣下的品格操守完美無瑕，如果因為臣下一點品格上的瑕疵就不予任用，會錯失很多人才，是沒有辦法治理好國家的，一個治安不好的國家，人主還有甚麼威嚴可言？同樣的，如果因為人臣犯一點小錯就處罰他，將會失去天下民心，對人主的名聲有損。因此，想要建功立業，就不能用嚴格的標準來衡量臣下的品德，而應當採取包容的態度，看到他們的長處，原諒他們的錯誤，這樣臣子自然會對人主感恩戴德，願意為其效力，這樣人主就能建立顯赫的威名，擁有無上的榮耀。

度心術

原文

知人知欲，智者善使敗德之人焉。

譯文

認識一個人要先瞭解他的欲求，有智慧的人懂得善用品德敗壞的人。

事典

品德敗壞卻被重用的蔡京

北宋神宗時，爲了消除國家的弊端，神宗支持王安石推行新法，又稱爲熙寧變法，雖然增加了國庫的收入，卻帶給人民諸多不便，導致臣民怨聲載道，以司馬光爲首的保守派極力反對。

後來司馬光擔任宰相，一上任就要廢除新法，恢復舊有的差役法，要求下屬五日內要更改完成。有人向司馬光抱怨說：「新法已經推行了一段時間，要在這麼短的時間恢復舊制，實在是強人所難。」

後來只有蔡京如期完成，率先跑去向司馬光報告，司馬光很高興的嘉獎他說：「假如每個人都能像你一樣奉行命令，有甚麼法令是推行不了的？」於是對蔡京另眼相看。有人勸諫司馬光說：「蔡京這個人貪得無厭，又擅長阿諛諂媚上司，爲的就是能夠加官晉爵，這種卑鄙無恥的小人，大人應該廢黜他，不予任用才對。」司馬光說：「我當然知道蔡京品德操守敗壞，但我想盡快的恢復舊法，正是因爲蔡京想要討好我，才會對我遵令奉行，其餘的官員因爲無求於我，所以才對恢復舊法之事諸多推託，蔡京雖然品行不佳，然而他辦事效率卻快的出奇，我剛上任沒多久，正需要他這種人才。」

不久，有人舉報蔡京挾邪壞法，而被貶官。宋哲宗成年後，貶黜司馬光等人，重用改革派的章惇，這時蔡京入朝代理戶部尚書。章惇想要推行新法，和眾位大臣討論許久，遲遲無法決定。蔡京就說：「只不過按照熙寧既有的法令執行罷了，還有甚麼好討論的呢？」章惇覺得他說得很有道理，於是就照這樣去辦。這件事過後，章惇越來越欣賞蔡京，有親近的大臣就對章惇說：「蔡京這個人十分奸詐，司馬光推行舊法的時候，他爲了諂媚司馬光，在短短五天內就恢復舊法；而現在大人深得皇上重用，蔡京又來討好您，這樣反覆無常的小人，怎能任用他？」章惇說：「雖然本官深受皇上的信任，也贊同推行新法，然而那些反對的守舊派依然大有人在，導致本官推行法令時處處受制，雖然蔡京這個人名聲不好，品德不佳，但正因他想要攀上高枝，得到更高的權位，本官正好可以利用這一點，讓他助本官推行新法。」

徽宗即位後，重用蔡京爲尚書左丞，不久又任命他爲右僕射。徽宗對他說：「神宗時創立新法，先帝也繼承他的遺志，只是新法每次推行沒多久，都遭到守舊派大臣反對而無法貫徹實行，朕也想繼承父兄的志向，重新推行新法，愛卿能夠教導朕嗎？」蔡京向徽宗叩頭致謝說：「陛下賞識臣的才能，願意將此重責大任託付給臣，臣必定殫精竭慮爲陛下籌謀。」徽宗聽了很高興，不久又升他爲左僕射。蔡京掌握大權後，就提拔親信，又變革鹽鈔法，凡是舊鈔都無法使用，導致許多富豪一夜之間失去所有積蓄，變成流民乞丐。有朝臣就向徽宗報告蔡京的疏失，希望徽宗不要繼續任用他。徽宗說：「蔡京的野心朕豈能不知，然而朕欲推行新法，正因蔡京想要獲得更高的官位，才會對朕盡心效命，而那些所謂忠貞的大臣，多半反對新法的實施，放眼滿朝文武，也只有蔡京才能爲朕推行新法。」大臣又說：「難道就讓蔡京爲非作歹下去嗎？」徽宗說：「朕會任用與蔡京不合的大臣來遏止他這些不法的行爲，相信他會有所收斂。」

蔡京屢次遭到貶黜，又屢次被皇帝起用，他貪贓枉法，敗壞朝政，到了欽宗時，他所做的惡行再次遭到大臣的舉報，再度被貶官，不久就過世了。

人物

蔡京，生年不詳，卒於西元一一二六年，字元長，北宋興化仙遊（今屬福建省）人。徽宗時擔任尚書右僕射（宰相），經歷四次罷黜四次啓用，爲人奸詐狡猾，貪汙舞弊，敗壞北宋朝政。宋欽宗時，被官員揭發罪狀，遭到貶官後過世。

釋評

追求名利權勢的人，大多都不擇手段，以獲取更高的權勢，所以這樣的人品德都不佳，然而正因爲他們有欲望野心，正好可以被統治者所用。然而，品德敗壞的人，一旦小人得志，他們爲了鞏固自己的權勢，就會貪贓枉法無所不爲，忠臣反遭到他們的迫害。所以，任用品德敗壞的人，雖然能替統治者效力，卻也會敗壞朝綱，這種統御臣下的方法並不可取。

如蔡京這樣的人，爲了爭奪權勢，故意討長官與皇帝的歡心，迎合他們的心意以獲取信任，藉以獲得更高的權勢地位。其實他對於新法舊法根本沒有自己的標準，只因上司喜歡舊法，就實施舊法；上司喜歡新法就實施新法，這樣的奸詐小人，若是授予他重要的職位，表面上他能夠爲上級長官盡心辦事，暗地裡卻會使用奸詐卑鄙的手段，排除異己、中飽私囊，以鞏固自己的權勢，令人防不勝防。

名人佳句

多行不義，必自斃，子姑待之。

這句話摘錄自春秋時代左丘明編撰的《春秋左傳》，意思是說：「多做不正當的事情，一定會自食惡果，你且靜待那一天的到來。」品德敗壞的小人懂得迎合統治者的心意，而能平步青雲，然而壞事做得多了，總有一天會自食惡果，所以自古以來得志的小人，多半都不得善終。

御心卷

民所求者，生也；君所畏者，亂也。無生則亂，仁厚則安。民心所向，善用者王也。人忌吏貪，示廉者智也。眾怨不積，懲惡勿縱。

不禮於士，國之害也，治國固厚士焉。士子嬌縱，非民之福，有國者患之。士不怨上，民心堪定矣。

嚴刑峻法，秦之亡也，三代盛典，德之化也。權重勿恃，名高勿寄，樹威以信也。

度心術

原文

民所求者，生也；君所畏者，亂也。無生則亂，仁厚則安。民心所向，善用者王也。

譯文

人民所想要的是存活；人主所畏懼的是暴亂。人民難以生存就會產生暴亂，人主若是仁慈寬厚治國，則天下可以相安無事。民心的歸向，善用的人可以稱王。

事典

起義抗秦的陳勝

秦朝末年朝廷徵發貧窮的百姓去守衛漁陽郡，九百個人屯紮在大澤鄉。陳勝和吳廣也被編入隊伍中，擔任領隊的屯長。遇到大雨，道路不通，延誤到達的期限。吳廣就對陳勝說：「按照秦律，沒有按照規定的日期到達，一律處死，現在不管我們是逃跑還是揭竿起義，反正都只有死路一條，爲了國家而死値得嗎？」

陳勝說：「秦朝暴政荼毒百姓，又時常徵召繇役，徵收重稅，大家都叫苦連天，這樣的國家誰還要爲他效命，只是我們想要起義抗秦，總是需要一個正當的理由，否則怎麼會有人願意跟隨我們拚死一搏呢？」吳廣說：「這個好辦，公子扶蘇是秦始皇的長子，他一向最得民心，二世胡亥卻爲了爭奪皇位把他殺了，但這個消息百姓還不知道，以爲扶蘇還活著，我們不如打著匡扶公子扶蘇的名義，號召天下群雄，你意下如何？」陳勝說：「如此甚好，不過單憑扶蘇一人恐怕沒什麼號召力。我聽說楚國有一猛將名叫項燕，有傳言說他還活著，也有人說他已經死。不如，就以他們兩人的名義來號召，會前來響應的人一定很多。」吳廣說：「這個主意不錯，但現在萬事俱備，只欠東風。我們雖然師出有名，可是那些跟隨我們前往漁陽郡守衛的士兵，未必肯隨我們一起反叛，需要激起群眾的憤慨才行。」陳勝說：「這個容易，百姓所求的，不過是活下去而已，只要讓大家知道，我們延誤了期限，橫豎都是個死，相信大家爲了求生存，必然願意與我們一同反抗秦朝。」吳廣想了一下，說：「小弟想到一個辦法，可以引起群眾的憤慨，小弟一向受到士兵弟兄們的愛戴，不如由我來演一齣苦肉計，此事必定能成。」陳勝說：「那老哥我就拭目以待。」

有一次，將尉喝醉了酒，吳廣就故意激怒他，將尉氣憤之下，就抽了吳廣幾鞭。吳廣故意大聲哀號，引來許多士兵圍觀。士兵們見到吳廣受辱，都紛紛替他打抱不平，紛紛辱罵將尉，將尉一怒之下，拔劍要殺吳廣，吳廣就趁機奪劍，殺了將尉。陳勝協助他，也斬殺了兩名將尉。圍觀的士兵這才意識到出了大事。

陳勝把士兵全都召集起來，對他們說：「我們遇到大雨，已經延誤去漁陽郡報到的時機，延誤期限應當處斬。就算我們沒被處斬，此番前去守衛邊防也是凶多吉少。我們並不是貪生怕死，但要死得有價值，如今秦朝暴虐，難道我們還要繼續替他賣命嗎？」有一名士卒附和說：「陳勝大哥說得對，在秦國暴政之下，我們全家幾乎都吃不飽飯，而且還時常徵召男丁去守衛邊關，再不然就是去做苦力，我有兩個哥哥都是死在邊關，與其步他們的後塵，還不如聽陳大哥的，大家一起幹票大的。」吳廣說：「反正橫豎是一死，不如鋌而走險，推翻暴秦，將來大家封侯拜相，還愁沒有好日子過嗎？」眾將士紛紛響應，跪在地上說：「我們聽候差遣。」

陳勝和吳廣就假冒公子扶蘇與項燕的名義起事，以順應民意。大家露出右手臂作爲標誌，號稱大楚。建築祭壇立誓，以將尉的首級作爲祭品，向上天敬告。陳勝自立爲將軍，吳廣爲都尉。他們率領士卒先攻打大澤鄉，再攻打蘄縣，勢如破竹的拿下幾個郡縣，一時之間聲勢浩大。

人物

陳勝，字涉，秦朝末年南陽郡陽城（今河南省方城縣）人。生年不詳，卒於西元前二〇八年。他是第一個發動民變起義推翻秦朝暴政的人，立爲楚王，敗退時被他的部下莊賈刺殺，諡號楚隱王。

釋評

自古以來民心最爲重要，一個政權是否穩固，全看是否能得到人民的支持。想要得到民心，其實也很簡單，只要讓老百姓有飯可吃、安居樂業，他們就會擁戴統治者。反之，朝廷若是向人民徵收過多的賦稅，時常徵召男丁去做苦力與戍守邊關，人民不堪重負，覺得日子過不下去，自然就會群起反抗，發動暴亂。朝廷如果這個時候，還不知道反省悔改，只想派兵前往鎭壓，就會激起群眾更激烈的反彈，最後局面一發不可收拾，連鎭壓的士兵都會倒戈反叛，那麼統治者的政權就岌岌可危了。所以，想要把國家治理好，首先要能得到民心，得到民心的方法就是廣施仁政，合理的徵收賦稅，不要時常頒布法令侵擾人民，如此一來，自然能得到人民的擁戴。

陳勝與吳廣之所以揭竿起義，就是源自於秦國的暴政，秦國律法太過嚴苛，遇到大雨無法準時前往駐守邊關，就要被處以死刑，當然會引起士卒的不滿，逼他們群起反抗。秦朝最終被推翻，也是因爲秦始皇暴虐無道，採用李斯的政策焚書坑儒，不得民心所致。

名人佳句

桀紂之失天下也，失其民也；失其民者，失其心也。

這句話是戰國時代孟子所說的，摘錄自《孟子．離婁上》，意思是說：「夏桀和商紂之所以失去天下，是因為他們失去了人民；失去人民的君王，即是失去了人民的心。」這就是所謂的

「得民心者得天下」，一位賢能的君主，若是能照顧到百姓的需求，減免賦稅，避免征戰擾民，這樣百姓就能安居樂業，國家自然太平。但若是君王無道，只想著滿足自己的私欲，增收繁多的賦稅與徵召過多的勞役，只為了蓋宮室、侵略小國，讓人民貧窮飢餓，甚至有病死、餓死的人，人民為了生存就只能群起反抗，這樣國家就會陷入動亂。所以，對於一個國家來說，民心的向背才是最重要的。

度心術

原文

人忌吏貪，示廉者智也。

譯文

人民最忌恨官吏貪汙，彰顯清廉的官吏是明智的。

事典

清廉的吳遵路

吳遵路是宋代官吏，他考中進士後，擔任宮廷藏書校理，後來章獻太后臨朝聽政，無人敢指出政事的得失，只有吳遵路條理分明的指出缺失，惹得太后不悅，被調派去擔任常州知州。他擔任知州期間，經常預先買米儲備，以預防莊稼歉收的荒年，剛好有一年遇上嚴重的糧荒，四處都缺乏米糧，吳遵路就把預先買的這些米分派給地方百姓，他們因此得到救濟，從別的州縣流亡到常州的百姓，大部分也得以存活了下來。自此之後，百姓們都很愛戴吳遵路。

他的政績傳遍了全國，有人向仁宗推薦他說：「吳遵路這個人為官清廉，吃穿用度都很節儉，家裡沒有貴重的物品，也沒有不良的嗜好。他把地方治理得很好，百姓也很愛戴他，百姓最痛恨貪官汙吏，像他這樣難得清廉的好官，皇上應當加以重用，如此可以攏絡民心。」仁宗覺得很有道理，於是任命他為龍圖閣直學士、知永興軍。吳遵路勤政愛民，他連生病都不停的處理公務不肯休息，最後死在知永興軍任所。

人物

吳遵路，字安道，生年不詳，卒於西元一〇四三年，宋代潤州丹陽（今屬江蘇）人。個性十分節儉，勤政愛民。後得罪宰相呂夷簡，被貶為宣州知州，後又升任陝西轉運使，龍圖閣直學士、知永興軍。

釋評

英明的君主想要得到民心，還要懂得知人善任。人民討厭貪官汙吏，這些貪官堪稱國家的蛀蟲，平時倚仗權勢作威作福，遇到大難臨頭往往為了自己的利益而背叛國家。所以，明主應當任用清廉的官吏，節儉自律的官員，才是真正能為國家百姓做事的人，他們沒有過多的物質欲望，不會勾心鬥角玩弄權術，這樣的官吏才能成為國家倚重的大臣。

吳遵路就是這樣一個清廉的好官，他平時很節儉，家中沒有貴重的古玩珍藏，一心為國家與百姓做事，且能預先儲備米糧防患於未然，所以能深受百姓愛戴。

名人佳句

布衣人臣之行，潔白清廉中繩，愈窮愈榮。

這句話出自呂不韋編撰的《呂氏春秋・離俗》，意思是說：「平民和大臣的行為，以潔白清廉為標準，越貧窮的越受到推崇。」百姓們都喜歡清廉的好官，因為這些的官員不會向人民私自徵收過多的賦稅，也不會藉機敲詐百姓的錢財，讓百姓能夠安居樂業。而這樣的官員是很少見的，一有這樣的官員出現，就會受到百姓的尊重與推崇，所以說家裡越是貧窮的官員，反而能受到百姓的愛戴。

度心術

原文

眾怨不積，懲惡勿縱。

譯文

不要累積民怨，嚴懲惡徒不要放縱。

事典

縱容弟弟的鄭莊公

春秋時代鄭國的國君鄭武公的長子名爲寤生，因他的母親武姜在生他的時候難產，故取此名，其母也很討厭寤生這個難產生下的孩子。後來武姜生下第二個兒子段，生產很順利，所以很疼愛段。寤生的父親武公病重時，武姜請求他的丈夫立段爲太子。武公沒有答應，後來武公薨逝，寤生即位，爲鄭莊公。

莊公一向不滿武姜疼愛幼弟，但她畢竟是他的生母，他也無可奈何。武姜請求莊公把京地（今河南滎陽）封給段。大夫祭仲就勸諫莊公說：「京地地廣城高，若把這個地方分封給段，恐怕他將來勢力坐大，會對國家有所危害。」

莊公說：「武姜要求這麼做，寡人身為兒子，豈敢拂逆母親的意思。」於是就將京地分封給段，號太叔。祭仲又勸莊公說：「武姜貪得無厭，她一向寵愛段，遲早會支持段竄權奪位，大王應該在他們尚未釀成大禍時，率先制止，否則等到他們勢力壯大就後悔莫及了。」莊公說：「他們壞事做得多了，一定會遭到報應的，你就等著那天到來就好了。」祭仲說：「大王這是姑息養奸，您一再縱容您的弟弟，任由他壯大勢力，將來他若是要起兵造反，您後悔都來不及。」莊公說：「你儘管放心，寡人早有準備。」

後來，段果然出兵攻打鄭國，武姜在國內接應他。莊公早就準備好兵馬，給段迎面痛擊。他同時派兵攻打段的封地，京地的人民對於段的造反非常氣憤，就背叛段向莊公投降，段戰敗逃到鄢地。鄢地也守不住，段又逃到共國。莊公把武姜關在城穎這個地方，他很生氣的發誓說：「除非到了黃泉，否則不再相見。」武姜就指責他說：「段造反固然是他的不對，但若非你一再縱容他勢力坐大，他又哪有機會出兵攻打鄭國？如今想來，你是故意縱容他，讓百姓認為他是背叛自己國家，手足相殘的壞人，因而背棄他，這難道不是你的計策嗎？」

過了幾年，莊公開始思念他的母親，很後悔曾經說過那樣的話。莊公就對大夫考叔說：「寡人很想念母親，可是先前曾發毒誓，不再相見，這該如何是好？」考叔就說：「挖個地道，通到可看到黃色地下水（黃泉）的地方，不就能相見了嗎？」莊公就按照這個辦法去做，終於能與母親相見。

人物

鄭莊公，姬姓，名寤生，中國春秋時代鄭國君主，生於西元前七五七年，卒於西元前七〇一年。鄭莊公在位期間，鄭國國勢強盛，發生幾次戰爭，其中最著名的就是「鄭伯克段於鄢」，即他的弟弟段發動的叛亂。後來在繻葛之戰中獲得勝利，確立了鄭國的「小霸」局面。

釋評

貪官汙吏向來是百姓最痛恨的，統治者如果想要獲得民心，就要嚴懲貪官汙吏，否則民怨沸騰，政權終將不保。然而，如何利用人民痛恨奸佞這一點，去鞏固自己的政權，這便是統治者的權術的運用。春秋時代的鄭莊公，就極其聰明，他明明可以在段尚未起兵造反時，就削弱他的勢力，不讓他有機會可以坐大，但他選擇放縱，故意給他廣大的土地，讓他招兵買馬，有能力與鄭國抗衡，爲的就是當段挑起爭端時，莊公可以師出有名的去征討他，徹底除去這個心腹大患；二來，縱容他起兵叛亂，坐實了對兄弟不友愛、對國君不忠誠的罪名，讓人民對他反感，最後背棄他。段也因此再也沒有東山再起的機會，這就是鄭莊公的謀略。

名人佳句

毋縱詭隨，以謹無良。

這句話是春秋時代的孔子引用《詩經》的句子，摘錄自《孔子家語》，意思是說：「不要放縱為非作歹的狡詐之徒，以防止不良行為的發生。」對於作奸犯科的歹徒，切不可姑息養奸，否則他們一旦心懷邪念，殘害善良百姓，就為時已晚。

原文

不禮於士，國之害也，治國固厚士焉。士子嬌縱，非民之福，有國者患之。

譯文

不禮遇知識份子，會對國家造成危害，想要把國家治理好要先厚待讀書人。讀書人驕傲放蕩，不是百姓的福氣，爲君者應對這些人多加防範。

事典

謙遜誠實的宋濂

宋濂是明代的開國功臣之一，他學問淵博，明太祖朱元璋很器重他，命他給太子講授經書，宋濂頗能闡明經書裡的微言大義，深受朱元璋與太子的敬重。

有一次，皇侄文正犯罪，明太祖詢問要如何處置他，宋濂說：「文正所犯的罪，雖然應當處死，但陛下應當體現親愛親戚的道理，把他安置在偏遠的地方就可以了。」宋濂爲人寬厚，時常向皇帝進言，要仁厚的對待臣民，朱元璋也往往接納他的意見。

洪武六年七月，宋濂升任爲侍講學士，掌管皇帝的詔令，參與編修國史，兼任讚善大夫。朱元璋打算委以重任，讓他參與政事，宋濂卻推辭說：「臣無其他的長處，只願待在陛下身邊就夠了。」朱元璋對他更加器重。

宋濂爲人誠懇，行事嚴謹，待人謙遜恭謹，他做官很久，從來不攻擊別人的過失。有一次，他和客人喝酒，朱元璋暗中派人偵查，第二天朝見宋濂，問他昨晚是否喝酒，下酒菜是甚麼，賓客是何人，宋濂沒有隱瞞，據實以告。朱元璋笑著說：「確實如此，愛卿沒有欺騙朕。」從此對他十分信任。朱元璋私下召見他，詢問他對群臣的看法，他只舉出群臣們的優點，並沒有說他們的壞話。朱元璋就問他說：「愛卿怎麼只說他們的優點呢？朝中大臣難道沒有犯錯的嗎？」宋濂說：「臣只與潔身自好的大臣來往，因此只知道他們的優點，至於那些品行不端的，臣因爲與他們並無往來，所以對他們的事情並不清楚。」

又有一次，主事茹太素向朱元璋上書，指出許多施政上的缺失，朱元璋很憤怒的責罵他說：「你這是對皇帝不尊敬，這是誹謗違法。」朱元璋問宋濂對此事的看法，宋濂說：「他也只不過是善盡職責罷了，陛下如果連這樣也要處罰，那麼天底下恐怕再沒有敢對陛下直言勸諫的人。陛下正要廣開言路，怎麼可以深究他的罪責。」朱元璋過了一段時間，待心情平復後，再仔細看茹太素的奏摺，發現裡面有許多可取之處，於是稱讚宋濂說：「如果不是愛卿，朕幾乎錯怪進言的人。」朱元璋當著群臣的面讚揚他說：「朕聽說德行最高的稱爲聖人，其次是賢人，再次一等的是君子。愛卿侍奉朕十九年，不曾對朕說過一句謊話，嘲笑別人的短處，而且你始終如一，不只是君子，還算得上是賢人了。」宋濂拜謝說：「臣不過是做臣應當做的事情罷了。」朱元璋說：「歷代的讀書人，多半心高氣傲，做了高官就行爲放蕩，不知檢點，只有愛卿潔身自愛，與他們都不一樣，實在是萬民之福啊！」朱元璋對宋濂禮遇有加，有一次賞賜他飲酒，他喝醉了，朱元璋就親手舀醒酒湯給他喝，對他十分寵幸。

後來發生胡惟庸一案，宋濂的長孫宋愼被牽連其中，朱元璋知道後勃然大怒，要處死宋濂。皇后就向朱元璋勸諫說：「宋濂是讀書人的表率，更是開國的功臣，而且深受百姓臣民的愛戴，如果陛下爲了這件事而殺了他的話，恐怕會失了民心。」太子也向朱元璋進言說：「父皇時常教導兒臣，要禮遇讀書人，他們是國家的棟樑，而且像宋濂這樣誠懇謹愼的人已經不多了，若是殺了他，恐怕會引起天下讀書人的反感，以後還有哪位文人願意效忠父皇呢？」朱元璋覺得他們說得很有道理，這才免了宋濂死罪，將他貶官到茂州去。

人物

宋濂，字景濂，明代浙江浦江人，生於西元一三一〇年，卒於西元一三八一年。學識淵博，性情誠懇謹愼，博通五經，擅長詩文。元朝末年朝廷任命他爲翰林編修，不肯擔任，住在龍門山十幾年，為明代的開國功臣之一，擔任翰林學士。撰《元史》二百一十卷及《潛溪集》等，卒諡文憲。

釋評

統治者想要把國家治理好，必須要禮遇知識份子，因為他們是社會的菁英，能作為萬民禮儀操守的表率，而且他們博學多聞，在政事上能提供許多寶貴的意見。若是不禮遇讀書人，自以為掌握權力就可以恣意的羞辱他們，讓讀書人對政府失望，由於他們可以影響輿論，輕則動搖民心，重則可以推翻政權，所以不可輕慢知識份子。然而，也不能太厚待讀書人，否則他們自以為得到君主寵信，態度就驕縱傲慢起來，不但對社稷無功，反而對百姓有害，過猶不及都是不好的，統治者應當自己拿捏好分寸。

宋濂是一位品行修養很好的知識份子，明太祖朱元璋寵信他的時候，他不恃寵而驕，秉持著一貫誠信待人的原則，而且從不說別人的壞話，因此得到皇帝與太子的信任。

朱元璋身為一名君主，在他起義到建國之初，很懂得要禮遇讀書人的道理，這也是他能在群雄之中脫穎而出的主要原因，但在他取得政權之後，就對讀書人採取強硬的態度，逼迫知識份子為朝廷效力。到了晚年，因胡惟庸一案牽連了許多知識份子，許多讀書人都在此案受到株連而被殺。這也是朱元璋被後世詬病的原因之一。

名人佳句

君子泰而不驕，小人驕而不泰。

這句話是孔子所說，出自《論語．子路篇》，意思是說：「君子處在舒適安逸的環境中而能不驕傲，小人因為驕傲而無法處於舒適安逸之中。」真正的君子，受到君王的寵信，得到富貴與權力，不會態度驕傲，行為放蕩，只有小人一朝得志才會驕傲放蕩，如此一來，離禍患也不遠了。君子小人都可以是讀書人，有德性的讀書人懂得約束自己的行為，故而即便富貴安逸，也不會驕縱；小人則不同，若是得了權勢地位，就會作威作福，傷害百姓，一旦被人捉住把柄，就會受到法律的制裁。

度心術

原文

士不怨上，民心堪定矣。

譯文

讀書人不埋怨政府，民心才能穩定。

事典

洪承疇降清

明朝末年，崇禎皇帝任命洪承疇為薊遼總督，戍守東北邊防，以防滿洲入侵中原。不久清軍來攻，洪承疇寡不敵眾，兵敗被俘，將洪承疇押解回盛京。洪承疇起初堅決不投降，甚至想以死殉國。皇太極很欣賞洪承疇，認為他學問淵博，而且懂得謀略，於是就命范文程前往招降。洪承疇一見到范文程，就不停的咒罵，范文程也沒提招降一事，只是跟他聊古今歷史，談話間，屋頂上落下灰塵，掉在洪承疇的衣服上，他用手把灰塵拍掉。

范文程回去向皇太極覆命，說：「洪承疇一定捨不得死，他連一件衣服都十分愛惜，何況是他自己呢？」皇太極聽了之後，就親自前去探望，他將自己所穿的貂皮大衣脫下來，給洪承疇披上，說：「先生難道不會冷嗎？」洪承疇就瞪著眼睛直直看著皇太極，過了許久，他才嘆了一口氣說：「陛下眞是眞命天子啊！」於是跪下叩頭請求投降。皇太極十分高興，賞賜他許多金銀珠寶，又命人置辦酒宴娛樂節目，其餘將領都感到不服氣，問皇太極說：「陛下爲何如何厚待洪承疇？」皇太極問道：「我們這些人辛苦奔波大半輩子，爲的是甚麼？」眾將回答說：「當然是入主中原。」皇太極說：「洪承疇學識淵博，堪爲中原讀書人的表率，有他相助，相信漢人其餘的知識份子也會紛紛投效我大清，若能得到這些讀書人的幫助，才能拉攏漢人百姓的心。我們攻下中原雖易，但要獲得民心的支持，還需要讀書人的支持，洪承疇有如一名嚮導，而我們如同盲人，有他替我們引路，一定很快就能取得中原，朕如何能不厚待他？」

幾個月後，皇太極在崇政殿召許多降清的將領晉見，其中包含祖大壽與洪承疇。洪承疇跪在大清門外，啓奏說：「臣替明朝效命時，與陛下數次交鋒，後來兵敗理應處死，陛下不但不殺反而對臣禮遇有加，現在命臣朝見，臣自知有罪，不敢進入。」皇太極說：「你那時與我交戰，是各爲其主，朕豈會介意？況且朕能戰勝，皆是天意使然，上天有好生之德，所以朕也恩賜於你，你既然知道朕的恩典，日後當盡力輔佐朕才是。」洪承疇等人才入殿拜見。皇太極就問他說：「如今明朝崇禎皇帝無道，中原理應由我大清取而代之，但朕恐入關之後，漢人不服反抗，愛卿以爲該當如何？」洪承疇說：「陛下不妨拉攏讀書人，只要他們願意效忠陛下，替朝廷說好話，那麼百姓也定然會服從，如此就可得到民心了。」皇太極很高興的說：「愛卿所言甚合朕意。」皇太極從此之後十分禮遇洪承疇，卻始終沒有授予他官職。

皇太極駕崩後，洪承疇輔佐多爾袞攻入中原，多次向他獻計，多爾袞得到洪承疇的幫助，順利南侵。後來李自成攻入北京，崇禎皇帝自縊，明朝滅亡。洪承疇建議招攬明朝遺臣，得到這些知識份子的支持，很快的便平定北直隸、山東、山西三省之地，遷都燕京。等到大清正式入主中原之後，授予了洪承疇官職，他成爲清朝第一位漢人大學士。

人物

洪承疇，字亨九，明末清初晉江人。明末官至薊遼總督，和清兵在松山交戰，兵敗被俘，後來投降滿清。官至武英殿大學士，卒謚文襄。

釋評

讀書人能帶動輿論，他們學識淵博，能爲國家的長遠發展作預測與打算，而一般民眾都對知識份子頗爲敬重。若是一國的讀書人時常發表一些批評政府政策的言論，那麼人民也會受到這些輿論的影響，轉而厭惡政府；反之，如果讀書人時常發表讚揚政府的言論，人民也會認同政府。

皇太極就很了解這個道理，他想要入關南下，便極力拉攏洪承疇。有了洪承疇的幫助，滿清才能順利的入主中原。

名人佳句

治天下在得民心，士為秀民。士心得，則民心得矣。

這句話是清代開國功臣范文程說的，摘錄自《清史稿．列傳十九》，這句話的意思是說：「治理天下首要在於得到民心，讀書人是優秀的人民。得到讀書人的心，那麼民心就能得到了。」讀書人堪為人民的表率、楷模，他們能夠為君主出謀劃策，亦能帶動輿論，如果願意為國效忠，那麼人民皆會以他們馬首是瞻，也願意忠於國家。所以，要得到百姓的心，必須要先得到讀書人的認可。

度心術

原文

嚴刑峻法，秦之亡也，三代盛典，德之化也。

譯文

殘酷的刑罰與嚴苛的法律，是秦國滅亡的原因，夏禹、商湯、周文王、武王所開創的太平盛世，是以德行教化萬民。

事典

夏桀暴虐而滅亡

夏朝時代有名的昏君桀，他耽溺於享樂之中，荒廢朝政，寵愛美女妹喜，對她說的話言聽計從。又喜歡飲酒，縱慾無度，興建酒池，命群臣與他一同飲酒作樂。他爲了滿足自己奢侈的生活，向百姓強徵賦稅，而且實行嚴刑峻法，制定殘忍的刑罰，百姓都苦不堪言。

商部落的首領湯向桀進言說：「虞舜、夏禹都是明君，因爲他們施行教化仁政，不徵收過多的賦稅，體恤百姓，所以深受臣民的愛戴。現在大王多行不義，寵信佞臣，不務政事，耽溺於酒色之中，已經讓百姓怨聲載道，如果您再不收斂的話，恐怕離滅亡不遠了。」桀聽了之後非常生氣，就將湯囚禁在監獄夏台。

後來湯在臣下伊尹、仲虺的運作下得以釋放回到商部落。湯品行端正，時常自我約束，對待百姓寬厚仁愛，許多對桀失望的諸侯，都紛紛前來投靠他。湯爲了拯救百姓於水火之中，就起兵討伐桀，出兵前他向天盟誓說：「夏桀犯下許多罪孽，殘害百姓，濫殺無辜，我受天命討伐他。」諸侯紛紛響應出兵，桀在鳴條之戰之中戰敗，他哀嘆說：「孤後悔當初沒有把湯囚禁在夏台時殺了他，才會讓事態發展至此。」後來桀死了，湯取而代之，建立商朝，是爲商湯。

湯勤政愛民，重用賢臣，對待百姓寬厚，減少稅賦的徵收，施行教化、推行仁政，受到百姓的稱頌讚揚。

人物

夏桀，姒姓，名履癸，約生於西元前一六五四年，約卒於西元前一六〇〇年，爲夏朝最後一任君主。暴虐無道，縱情聲色，施行暴政，最終被湯推翻。

釋評

秦始皇施行焚書坑儒的暴政，又嚴課賦稅，使得百姓叫苦連天，陳勝、項羽、劉邦等人才起兵造反，推翻秦朝暴政。歷朝歷代的昏庸殘暴的君主，不只秦始皇一人，許多君主都把嚴刑峻法作爲治理國家的手段，雖然在嚴刑峻法之下，百姓不敢胡作非爲，但若是君主爲了一己私慾，向百姓強徵賦稅，若不繳交稅負的舊施以重刑，長此以往，百姓不堪重負，最後只有起兵造反一途。

反之，如果君主廣施仁政，體恤百姓，在荒年減免賦稅，平時也不過份的徵收，讓百姓能夠休養生息，避免過多的勞役，那麼百姓自然就能夠安居樂業。這也是夏禹、商湯、周文王、武王在位時，能夠長治久安的道理。百姓犯了過錯，不嚴懲他們，施行教化讓他們自己改過，以寬容的政策治理國家，勢必受到百姓的愛戴，這才是正確治理國家的辦法。

名人佳句

仁者無敵。

這句話是戰國時代孟子所說的，摘錄自《孟子．梁惠王上》，意思是說：「施行仁政的君主，征討暴虐無道的國家，將無往而不利，無人能與仁義之師為敵。」

孟子認為一個施行仁政的君主應該是，減少徵收賦稅，減輕刑罰，讓百姓安居樂業的耕田，教導人民在家尊敬父母，友愛兄弟，這樣就會受到百姓的愛戴，對於那些施行暴政的國家，就沒有甚麼好害怕的了。因為施行仁政的君主，他的軍隊將所向披靡，這是因為民心的歸向，而使得國家無人能敵。孟子認為得民心的君主，才能夠得到天下，想要得到民心必先施行仁政，如此一來，國家富足，百姓安居樂業，還有甚麼好害怕的。因此，若想要把國家治理好，必須先從施行仁政開始。

原文

權重勿恃，名高勿寄，樹威以信也。

譯文

權力大不可依恃，名聲響亮不可寄託，樹立威望要講究信用。

事典

寬宏大量的劉秀

漢光武帝劉秀統一天下，分封功臣時，將廣大的疆土分封給梁侯鄧禹和廣平侯吳漢。擔任博士官職的丁恭就勸諫說：「從古至今，諸侯所得的封地不過百里而已，削弱諸侯的勢力，鞏固中央的權勢，才是治國之道。現今陛下卻將廣大的疆土分封給他們，將來若是諸侯造反，要怎麼辦？」劉秀就說：「朕從未聽聞有功的臣子得到封地多而使得國家滅亡的，只有君主暴虐殘害百姓，才會使國家滅亡。」丁恭說：「可是這麼做不合法制，恐怕遭到群臣的非議。」劉秀說：「如果沒有這些功臣爲朕開疆拓土，朕也不能坐在這個皇位上，況且不重賞功臣，如何能讓他們心甘情願的爲朕賣命。如果朕倚仗自己的權勢，要臣下無條件的服從，剛開始他們或許會因爲忌憚朕的權勢而不敢說甚麼，日子一久必定心中不服，到時候才會給他們起兵作亂的理由。朕剛剛即位，如果不重賞功臣，樹立威信，那麼還怎麼治理國家呢？」

陰鄉侯陰識，是劉秀之妻陰麗華的兄長，他軍功最大，應當要加封，他卻叩頭辭謝說：「天下剛剛平定，有功勞的將士統帥們眾多，臣是外戚不當受到如此多的封賞，否則將受到天下人的非議。」劉秀就順從他的意思。劉秀命那些有功的將士，說出他們想要封賞的土地，將大的城池縣邑都封賞給他們。只有河南太守潁川丁綝要求分封在故鄉，劉秀就問他緣由，丁綝回答說：「臣聽聞功勞大的人不可倚仗，德高望重的人不能將重任託付給他，臣自認功勞最少，也沒有響亮的聲望，只要分封在鄉里就心滿意足了。」劉秀就順從他的意願，封他爲新安鄉侯。

人物

漢光武帝劉秀，，字文叔，南陽郡蔡陽縣人（今湖北省襄陽棗陽市），生於西元前五年，卒於西元五七年。東漢第一位皇帝，廟號世祖，謚號光武皇帝。出身於南陽郡的地方豪族。王莽末年國家動蕩，各地賊寇四起，西元二二年，劉秀和他的兄長劉縯在宛地（今河南省南陽市）起兵。不久，就登基稱帝，改元建武，國號爲「漢」，史稱東漢。從此之後，劉秀逐漸平定各方勢力，最終統一天下。

釋評

統治者如果倚仗自己的權勢，認爲自己的聲望崇高，就能對臣民百姓不講信用，遲早會失去民心。同樣的，統治者如果認爲自己的權勢很大，就驕傲自滿，認爲自己的聲望很高，全國臣民理應服從他的領導，那麼遲早會失去民心，而被推翻政權。

漢光武帝劉秀就是一位謙遜的君主，他剛剛平定天下，登上帝位，但卻不以此就驕矜自滿，反而重賞有功的臣子，也不擔心給他們的封地廣大，而給予他們起兵造反的本錢，反而認爲平定天下的功勞是眾臣的，非是他劉秀一人的功勞，所以重賞有功的臣子，這也是他深得臣子百姓信賴的緣故。

名人佳句

用國者義立而王，信立而霸，權謀立而亡。

這句話是戰國時代荀卿所說的，摘錄自《資治通鑑．卷四》，意思是說：「治理國家的君主，重視道義而能登上王位，講究信用才能稱霸於諸侯之中，若使用陰謀權術只會自取滅亡。」

自古帝王為了鞏固自己的權勢，只知道用嚴刑峻法與陰謀權術統治百姓，而忽略了道義與信用，最終因為暴虐無道，殘害百姓，朝令夕改，使人民對朝廷失去信心，最終起義造反推翻君主。所以，想要把國家治理好，最重要的就是重視道義與守信用，如此就能使國家富強，得到天下民心。

擒心卷

德不悅上，上賞其才也。才不服下，下敬其恕也。

才高不堪賤用，賤則失之。能傲莫付權貴，貴則毀己。才大無忠者，用之禍烈也。

人不乏其能，賢者不拒小智。智或存其失，明者或棄大謀。不患無才，患無用焉。

技顯莫敵祿厚，墮志也。情堅無及義重，敗心矣。

原文

德不悅上，上賞其才也。

譯文

品德並不能取悅君王，君王賞識的是臣子的才能。

事典

雖有才幹卻意氣用事的李衛

清代的李衛，自雍正皇帝登基後，便受到重用，他擅長治理盜匪爲禍百姓，那些盜匪藏匿於山林河濱，他就派人尋找他們的行蹤，只要找到就派官吏前往抓捕，全部捉光才肯罷休。李衛所管轄的地區再無盜匪作亂。

雍正皇帝很賞識李衛的才能，對他非常禮遇，但他的人品有所缺失，常受到大臣們的非議。

有大臣對雍正說：「李衛這個人，意氣用事，且驕傲自滿，他品德有所缺失，陛下為何還要重用這種人呢？」雍正說：「朕要整肅吏治，正值用人之際，況且任用臣子是看重他們的才幹，又不是看重他們的品德。有品德的人，未必能輔助君王治理好國家；有才幹的人，雖然德行有虧，再慢慢教化便是。」

李衛在雲南主政時，雍正賞賜食物給他，李衛收到之後就很高興，就命人在自己的儀仗隊伍中，製作一個「欽用」的牌子，讓大家都知道這是皇帝賞賜給他的，雍正知道後，非常不欣賞他這種作為，於是就寫詔書告誡他說：「朕聽說你仰仗自己的才能就行為放蕩，不知檢點，操守也有瑕疵。還製作『欽用』的牌子，實在是太過招搖了，這種行為實在不可取，你要自我反省警惕。」李衛回答說：「臣受陛下的知遇之恩甚重，所以才不避別人嫌棄怨恨的言論。」雍正又回答他說：「不避別人嫌棄怨恨的言論，和你意氣用事欺凌別人、驕慢無禮，是兩碼子事。你應當勤勉的修身養性，朝完美人格的目標邁進，這才不辜負朕如此看重你。」但李衛並沒有把雍正訓誡的話放在心上。

後來李衛前往浙江，剛好遇到河川潰堤，雍正命他與河道總督齊蘇勒協議施工，但兩人意見相左，李衛說了些不禮貌的話，讓齊蘇勒心懷不滿。李衛就上了道奏疏給雍正說：「臣與齊蘇勒有芥蒂，恐怕會影響朝臣間的情誼。」雍正答覆說說：「你和齊蘇勒有嫌隙，一定是你傲慢無禮所致，錯不在他而在你。你應當反躬自省，勿要將錯歸咎他人。」李衛又說：「陛下重用臣，是看重臣的才能，又非是臣的品性，但為何卻屢屢訓誡臣要潔身自好，端正操守，如果陛下看重的是人品，爲何不重用那些德高望重的人呢？」雍正回答說：「任用臣子雖然首重他的才幹，但若是品行不端正，也會遭人誹謗怨恨，如果行爲放蕩不檢點，倚仗著朕的恩寵就任意胡來，那麼他的害處就大於他的好處，如果眞有那一天，朕就不得不嚴懲你了，所以才一再告誡你要修身養性。」李衛這才明白雍正的苦心，逐漸有所收斂。

人物

李衛，字又玠，江南銅山（今江蘇徐州豐縣大沙河鎭李寨）人，生於西元一六八八年，卒於西元一七三八年。清朝官員，他是向國家捐錢獲得官職，擔任兵部員外郎，後來任職浙江總督、直隸總督等官。受到雍正皇帝的賞識，與鄂爾泰、田文鏡並稱爲「三大模範」。

釋評

品德高尚的人，重視自我修養，也以同樣的標準去要求別人，當君王並非是他們理想的類型時，他們就往往會不斷的規勸。這樣的人並不討君主的喜歡，君主需要的是能輔助他治理國家的得力下屬，而非是品行端正的良好典範，雖然對百姓施行禮義教化可以改善國家不好的風氣，但成效極慢。所以歷代君王都喜歡才能卓越的臣子，可以在短時間就把國家治理好。但是這樣的臣子，並不一定是品行端正的人，往往在性格上有所缺失。

清代的李衛就是有才幹，在人品上卻意氣用事的人，而且時常待人態度傲慢，得罪許多大臣。但雍正十分欣賞他的才幹，雖然曾多次訓誡他要改正自己傲慢的態度，卻仍然重用他。

名人佳句

治天下當以用人為本，其餘皆枝葉事耳。

這句話是清朝雍正皇帝說的，轉引自《圖說中國皇帝大傳》（廖惠玲主編，通鑑文化編輯部，人類智庫股份有限公司出版），意思是說：「治理天下應當以重用人才為根本，其他的事情都是枝微末節。」雍正皇帝用人不問出身，像李衛這樣靠捐官獲得官職的人，雖然品行有些缺失，但他的確有才幹，所以雍正皇帝不計較他的人品與出身，照樣重用他。

原文

才不服下，下敬其恕也。

譯文

只依憑才能無法令臣下心服，臣下只會敬佩寬恕的君主。

事典

寬宏待人的張平

張平是宋朝人，他很喜歡讀史傳，家境貧窮的時候買不起書，遇到特別珍貴奇特的書，他就脫下衣服來跟人交換，然後整天專心研讀。

張平做官顯貴之後，遇到以前在彭城任職時，幾個欺侮過他的小官吏，後來他們因爲犯了罪被發配到京城燒製陶器。剛好張平的兒子張從式在這裡監督勞役，看到這些人，就回去告訴父親。張平就把他們召到家裡來，設宴款待他們，說：「你們幾個人遭逢不幸，遇到這樣的災禍，以前的事情千萬不要放在心上。」還給他們一些錢，囑咐張從式要妥善的對待他們。這些人都很感激張平，流淚對他說：「想不到大人如此寬宏大量，不僅不計較以前的舊怨，還準備酒食招待我們，又給我們許多錢，這等大恩大德，我等實在無以爲報。」張平說：「還能遇到故人，就已經是非常幸運的事情了，以前一些小小的恩怨，哪能一直放在心上，如今你們遭逢磨難，我理應相助才是，怎能落井下石，報復你們呢。」

等到客人走後，張從式就對張平說：「這些人以前侮辱過父親，您居然能寬宏大量不予計較，眞是令兒子欽佩。」張從式說：「想要讓下屬打從心裡敬佩服從長官，靠的不是個人出眾的才能，而是能夠寬容的對待他們，這樣才能讓他們心服口服。」張平也因此獲得寬宏大量的美名。

人物

張平，宋代青州臨朐人。早年依附於刺史羅金山。太宗當時擔任京兆尹，安排他到官邸任職，後來成爲秦王趙廷美的親信官吏。過了幾年，有人控訴張平私藏府中的財務，秦王向太宗稟明此事，就審訊張平，張平沒有招供，經過這件事之後，秦王越來越不喜歡張平，就把他趕走。太宗可憐他，認爲這件事不是他的錯，把他託付給武寧節度使高繼沖，在他手底下當鎮將。等到太宗即位後，就重用張平。後來他聽說陝西轉運使李安揭發他以前治理陽平的時候，作奸謀取私利，因爲這件事憂憤成疾而亡，享年六十三歲。

釋評

人都是會犯錯的，如果領導者一直記著下屬的過錯，犯了一點小錯便要嚴厲的懲處，那麼即便領導者本身再有才能，也無法得到下屬的敬重，只有懂得寬恕別人過錯的領導者，才能使下屬由衷的敬佩臣服。

張平就是這樣一個寬宏大量的人，對於那些曾經欺負過他的官吏，見到他們落難，不僅沒有落井下石，反而雪中送炭，所以能獲得百姓的稱頌與敬重。

名人佳句

一個不懂寬容的人，將失去別人的尊重；一個一味地寬容的人，將失去自己的尊嚴。

這句話是中國大陸現代詩人汪國真說的，摘錄自〈寬容〉。不能夠寬恕別人過錯的人，因為一點小錯就耿耿於懷，時常翻舊帳，所以無法贏得別人的尊重；但如果對方一再的犯錯，卻不斷的寬容而不處罰他，導致他重蹈覆轍，那麼也不會受到別人的敬重。所以，不能濫用寬容，如果對於偶而犯一次錯的人，應當予以原諒；而對於那些不斷犯同樣錯誤的人，就要懲罰處治他，否則他會把別人的寬容當成廉價品，而不放在心上。

度心術

原文

才高不堪賤用，賤則失之。

譯文

才能出眾的人不能讓他們擔任卑賤的職務，看輕他們將會失去這些有才能的人。

事典

大材小用的辛棄疾

辛棄疾出生在金國，大金皇帝完顏亮死後，中原豪傑並起，有個叫耿京的人，在山東召集兵馬，自稱天平節度使，辛棄疾在他麾下執掌書記。耿京控制了山東與河北忠於宋朝的兵馬，辛棄疾就勸他回歸南宋。當時辛棄疾和一個叫義端的僧人交好，義端也聚集一千多人起事。辛棄疾就勸他投降耿京，義端答應了，投入耿京麾下，有一天卻突然偷走了帥印逃跑，耿京知道這件事後非常生氣，就對辛棄疾說：「義端是你舉薦的，他現在突然叛逃，這件事你也有責任，應當以死謝罪。」耿京要殺辛棄疾，辛棄疾說：「請給我三天的時間，我一定把他捉回來，如果抓不到他，我再受死不遲。」耿京答允他的請求。辛棄疾揣摩義端一定會去投靠金兵主帥，將耿京的軍事機密洩露給他，便在後面緊急追趕終於抓到了他。義端向他求饒說：「這件事我知道錯了，請不要殺我。」辛棄疾不理會他的求情，斬了他的首級回去稟報耿京，經過這件事之後，耿京越來越看重他。

後來耿京回歸宋朝，宋朝也授予他官職，但耿京卻被叛變的部下張安國和邵進所殺，辛棄疾就召集眾將商議說：「我跟隨主帥回歸朝廷，但現在主帥身亡，我該當如何回去覆命？」他於是召集兵馬，闖入金兵大營，把張安國給綁了回來，獻給南宋皇帝。因爲這件事，辛棄疾立了大功，也令南宋皇帝對他刮目相看，仍然授予他以前的官職。

辛棄疾歸附南宋之後的四十餘年裡，一直沒有受到重用。起初，南宋皇帝有意出兵攻打金國，收回失去的山河，辛棄疾也主戰，所以向朝廷獻上《十論》和《九議》，這是他政論的代表作，客觀分析南北兩方的形勢，以及技術上的優劣等問題，後來因爲朝廷決定議和，就沒有採用他的意見。辛棄疾只擔任江陰通判、建康府通判、司農主簿這樣的小官。有大臣勸南宋皇帝說：「辛棄疾是一名有才幹的人，從他召集兵馬闖入金兵大營，綁回張安國爲耿京復仇一事就能看出來。而且他獻上的政論也頗有見地，像這樣的人才，皇上應當重用才是。」南宋皇帝回答說：「現在朝廷要和金人議和，不適合重用像辛棄疾這樣主戰的人。」

南宋皇帝沒有採納這位大臣的意見。這名大臣又向皇帝勸說道：「有才幹的人，陛下卻委任他卑賤的官職，恐怕會失去臣民之心，他如果改投明主，豈不是朝廷的損失嗎？」南宋皇帝仍然不理會這位大臣的勸說，沒有重用辛棄疾。

辛棄疾晚年，回憶起年少時的戎馬生涯，感嘆的在詞作中寫下：「卻將萬字平戎策，換得東家種樹書。」（〈鷓鴣天・有客慨然談功名因追念少年時事戲作〉）他向朝廷獻上平定金國的政論沒有受到採用，他只好跟東邊的人家換幾本種樹的書。辛棄疾是一名愛國的人，即便他沒有受到重用，也不會棄宋投金，終其一生都鬱鬱不得志。

人物

辛棄疾，字幼安，號稼軒，生於西元一一四〇年，卒於西元一二〇七年。南宋歷城（今山東省濟南市）人，出生於金國。後來回歸南宋，治軍嚴謹，官至龍圖閣待制。爲人忠君愛國，終其一生未被委以重任，抱恨而終。他擅長填詞，詞風豪放，著有《稼軒詞》。

釋評

領導者必須要有慧眼識人的能力，才能辨識人才，並且知人善任，將人才放在適當的職務上，這樣才能讓有才幹的人發揮眞正的實力。所以，一名成功的領導者，必須要能屏除私人恩怨，把自己的好惡放在一邊，客觀的評估人才，並且適當的任用他們，如此一來能把國家治理好。反之如果統治者傲慢無禮，認爲自己位高權重，別人就應當懼怕他、尊重他，只會讓有才幹的人疏遠他們。或是統治者因爲個人的好惡，不對有才幹的人委以重任，也同樣的會失去他們的忠心，有些人會改投明主；而有些人雖然忠誠不會背棄君主國家，但會對朝廷失望，進而不問政事，投閒置散，這樣國家就會失去人才。

辛棄疾是一個愛國的人，他不會因爲朝廷任命他擔任小官，就背棄國家投敵去了，但他一樣會對國家失望，原本一腔熱血，想要施展抱負，一展長才，但後來官運不順，未能得到明主委以重任，也失去了原本從政的熱情，最後懷著悲憤而死。

名人佳句

大材小用古所嘆，管仲蕭何實流亞。

這句話是宋代陸游所說的，摘錄自〈送辛幼安殿撰造朝〉一詩，意思是說：「大材小用自古以來令人唏噓感嘆，才能堪比管仲、蕭何之輩。」辛棄疾主戰，而當時南宋朝廷主和，所以他沒有受到朝廷的重用。而自古以來，像辛棄疾這樣有滿腹才華，卻懷才不遇的人不勝枚舉，這是讓有才能的人最悲嘆的事情。

原文

能傲莫付權貴，貴則毀己。

譯文

才華出眾而心高氣傲的人，不要依附權貴，否則看權貴臉色行事就會失去自我。

事典

拒絕依附權貴的文徵明

明代的文徵明是個才華絕倫的才子，他在書畫上有很高的造詣。他年幼的時候不是個聰穎的孩子，看起來笨拙愚鈍，稍微長大以後，才逐漸將他的聰明才智顯現出來。他認識一些在當時頗負盛名的書畫家，因爲這些人都和他的父親交好，他對文學與書畫頗感興趣，於是就跟隨這些人學習。他跟隨吳寬學習文學，跟隨李應禎學習書法，跟隨沈周學習繪畫，學習略有所成後，又和當時頗負盛名的才子祝允明、唐寅、徐禎卿等人互相切磋，名聲漸漸傳揚開來。

在他十六歲的時候，父親文林過逝，文林生前任職溫州知府，頗有政績，獲得百姓與官吏的愛戴。他們都知道文徵明家中貧困，所以百姓們紛紛捐錢要替文林辦喪事，但都被文徵明拒絕了。文徵明性格溫和而正直，巡撫俞諫知道他家境並不富裕，想要資助他一些錢財，就指著他的衣服說：「你的衣服怎麼破舊成這樣？」文徵明故意裝糊塗說：「是被雨淋壞了。」俞諫聽他這樣回答，就不好意思開口說要送錢給他的事情。寧王宸濠仰慕他的才華，送禮物和書信給他，想聘請他到府中做事，卻被文徵明以生病的理由給拒絕了。文徵明以歲貢生的身分到吏部參加考試，巡撫李充嗣很賞識他，原本就打算舉薦他到朝廷任職，於是上奏朝廷授予他翰林院待詔的職務。世宗即位後，文徵明參預編修《武宗實錄》，侍奉御前講席，沒多久，文徵明就請求辭官回鄉，但並未獲得允許。

張璁與文林以前認識，張璁後來獲得權勢，要求文徵明前往依附他，被文徵明推辭了。楊一清奉召入閣輔政，文徵明前往拜見，卻一個人獨自站在後頭。楊一清就對他說：「你難道不知道我與令尊是朋友嗎？」文徵明嚴肅的說：「先父逝世三十年，如果有提起與閣下有關的隻言片語，哪怕只是一個字，我也不敢忘記，但我從來沒聽先父提起過您，也不知道您是先父的朋友。」楊一清覺得面子上掛不住，覺得文徵明恃才傲物，以爲自己有點才華和名聲，就看不起他，他回去後就和張璁商量，想要調動文徵明的官職。文徵明親近的朋友勸他說：「張璁和楊一清都是當今的權貴，你如果依附他們，將來何愁無法平步青雲、官運亨通，難得他們都賞識你的才華，為何要拒絕他們的邀請呢？」文徵明回答說：「事情哪有你想像的那樣簡單，我如果依附他們，縱然可以獲得一時的利益，卻要一輩子看他們的臉色，仰仗他人鼻息，沒辦法做自己真正想做的事情。如果有一天，他們失去了權勢，我也會被牽連在其中，搞不好下場更慘，我寧可辭官回家鄉，也不想與他們扯上關係。」文徵明就不斷地向朝廷請辭，皇上見他去意已決，就批准了他的請辭。

人物

文璧，字徵明，別字徵仲，號衡山，明代長洲（今江蘇省吳縣）人。生於西元一四七〇年，卒於西元一五六〇年。擅長詩文書畫，在當時頗負盛名，與徐禎卿等四人稱吳中四才子。正德末年朝廷授予他翰林院待詔的職務，世稱文待詔，私謚貞獻先生，著有《甫田集》。

釋評

有才華的人難免都有點傲氣，這樣的人如果熱中功名，就會去依附權貴，以獲得升官的機會，但當他們這樣做了以後，就必須一輩子看權貴的臉色行事，而且在立場上就矮了他們一截，再也不能毫無束縛地發揮自己的長才。有朝一日被權貴厭棄了，不但無法獲得高官厚祿，也無法再施展自己的才學與抱負，注定鬱鬱而終。

也有一些像是文徵明這樣淡泊名利的人，雖然有才華卻不願意依附權貴，做他人的附庸，他寧願辭官回鄉做一介平民，至少可以做自己想做的事情，不需要看他人的臉色行事。他可以恣意地創作出想要繪畫與書寫的作品，毋需爲了討好權貴勉強創作一些自己不喜歡的作品，這樣的人才能活出自我，而不會在追名逐利中迷失自己。

名人佳句

豐富自己，比依附他人更有力量：種下梧桐，自有鳳凰來棲，你若盛開，蝴蝶自來。

這句話是中國現代女作家晚情說的，摘錄自《做一個剛剛好的女子》。

有些人覺得攀附權貴，比依靠自己的力量努力可以更快的獲得成功，所以無論在古代的官場上或者現代的職場上，總有人拉幫結派，這樣的人剛晉身官職，或者剛踏入職場，就會想成為那些有權有勢者的附庸，這樣的人通常是對自己的能力沒自信。對於那些有真才實學的人來說，比起依附有權有勢的人，懂得充實自己的生命，增進自己學問的人，才能使自己強大茁壯起來。當一個人擁有出衆的才華之後，別人自然會注意到你，你若是一棵梧桐樹，鳳凰自然會來棲息，你若是一朵嬌豔的花兒，蝴蝶自然會來採蜜。所以，不必急著出人頭地，只要不斷的精進自己的實力，總有一天別人會看見你耀眼的光芒。

原文

才大無忠者，用之禍烈也。

譯文

才能出眾卻不忠心的人，任用他將招來災禍。

事典

侍君不忠的侯景

侯景是南北朝的北魏人，北魏朝廷政治非常腐敗黑暗，人民苦不堪言，只好起兵叛變。起初各方勢力並起，其中葛榮吞併了這些勢力的軍隊，而侯景是他麾下的將領。不久，北魏朝廷發生政變，魏明帝駕崩後，胡太后臨朝聽政，引來朝臣的不滿，天柱將軍爾朱榮率兵攻進洛陽，殺了胡太后。侯景聽聞此事，就帶領自己的軍隊前去投靠爾朱榮，爾朱榮很欣賞侯景的才能，就任命他爲將領。此時，葛榮兵馬逼近洛陽，爾朱榮親自率兵前往征討，命侯景爲先鋒，他大敗葛榮軍隊，並活捉葛榮，立了大功，就被提拔爲定州刺史、大行臺，封濮陽郡公。從此之後，侯景的名聲更加響亮。

過了沒多久，高歡擔任北魏的丞相，因爲爾朱家族殘暴不仁，高歡想要除掉他們已久，他逮到機會殺了爾朱榮，侯景無人可依附，就前往投降高歡。高歡也聽說過侯景的威名，覺得他還算是個人才，就任用他爲將領。侯景生有缺陷，他左腳長，右腳短，並不擅長武藝，但很有謀略。侯景性格殘暴，對待士兵非常嚴苛殘酷，然而他將打敗敵人所掠奪來的財寶，全都分給眾將士，所以將士們都很願意替他賣命，又經常打勝仗，戰功顯赫，總攬兵權，與高歡不相上下。北魏任命侯景爲司徒、南道行臺，他擁有將領十萬人，稱霸河南。

後來，高歡病重，囑咐他的兒子高澄說：「侯景這個人很有才幹，他雖然投靠爲父，卻非眞心效忠於我們，這些年他依恃戰功，手中掌握的兵權已經與爲父不相上下，以他奸詐狡猾的性格，我死後他一定不會心甘情願替你效命。」高澄問：「既然父親知道侯景爲人，爲何不早些除掉他呢？」高歡說：「當初政局不穩，爲父需要借重他的才幹來鞏固自己的地位，如今他勢力坐大，早就有背叛之心，只是礙於爲父的勢力才不敢將野心暴露出來，爲父死後你要千萬小心此人。」高歡死後，高澄他知道侯景根本沒把他放在眼裡，就想要將他除掉，他封鎖高歡病逝的消息，更以高歡的名義寫信召侯景前往洛陽。侯景接到信後，正在考慮是否前往，他的親信就勸他說：「高澄知道將軍看不起他，他剛掌權不久，此時召將軍前往，必定不懷好意，將軍若是奉召前去，恐怕凶多吉少。」侯景聞言，又仔細檢查那封信，發現並無先前與高歡約定好的記號，知道這封信是假的，他又聽說高歡病重，猜想高歡大概已經不在人世，所以就率軍叛變，投降梁武帝蕭衍。蕭衍的幕僚勸他說：「侯景這個人雖有謀略才幹，善於率兵打仗，但是此人先後侍奉多位主子，他此番前來投靠陛下，未必能對陛下盡忠，陛下若是接受他的投降，恐怕侯景此人終將成為心腹大患。」蕭衍說：「朕想要北伐，正是用人之際，侯景前來投降正好，可以借助他的力量，至於你考慮的問題，也不是沒有道理，只要小心謹慎防範他便可。」於是就接受了侯景的投降。

高澄繼位為渤海王，派將領慕容紹宗攻打侯景，侯景幾番與他周旋，最後兵敗，劉神茂向侯景獻計說：「將軍可以佔據壽陽城，城池易守難攻，朝廷若是知道了，一定會很高興您南歸，必然不會怪罪於將軍。」侯景聽聞此計高興拉著他的手說：「上天總算待我不薄。」侯景佔領壽陽城後，派遣手下于子悅向朝廷報告戰敗的消息，蕭衍並沒有怪罪於他，還授予他南豫州刺史的職務。

東魏是高歡建立的政權，他架空皇帝的權力掌控政局，高歡死後他的權勢由高澄繼承。高澄見戰事不利，就派人向蕭衍要求議和，蕭衍與百官商議是否答應。侯景擔心蕭衍會與東魏達成協議，於是假造東魏人的書信，要求以貞陽侯來交換侯景。蕭衍想要答應。舍人傅岐勸他說：「侯景窮途末路才來投靠陛下，如今捨棄他不吉利。況且，侯景久戰沙場，難道會心甘情願的束手就縛嗎？」蕭衍不聽他的勸阻，執意要答應交換的條件。侯景得知此事後，十分惱怒，就對身邊的人說：「我就知道蕭老頭薄情寡義。」從此之後，侯景就心生叛意，開始準備起兵造反。他將居民都招募爲軍士，擅自停止徵收賦稅，更向朝廷要求錦緞用來製作士兵的戰袍，梁武帝的親信朱異認爲戰袍不適合用錦緞製作，因爲錦緞是用來犒賞有功的軍士，所以改給他青布。侯景拿到布後全部用來做軍服，又開始鍛造武器，爲日後的謀反做準備，梁武帝對這些事情並不知情，對他並無防備。有朝臣屢次上奏疏，舉報侯景有反叛之心。朱異說：「侯景只有數百名士兵，豈能叛亂。」就壓下他們的奏章，沒有向梁武帝啓奏，反而更增加對侯景的賞賜，侯景更加肆無忌憚的爲謀反做準備。

臨賀王蕭正德對朝廷積怨已久，侯景故意去巴結他，讓他替自己做朝廷的內應，沒多久，侯景就起兵造反，於西元五四八年擁立蕭正德爲帝，改年號爲正平元年。侯景自封爲相國、天柱將軍，蕭正德爲了表示對侯景的信任，還把女兒嫁給他。有人勸蕭正德說：「侯景這個人陰險狡詐，而且反覆無常，他起初效命於北魏朝廷，後來與高澄不合，又投靠蕭衍，現在他與陛下一同起兵造反，也只不過是利用您來取得政權，一旦謀反成功，他恐怕會對陛下不利。」蕭正德說：「我一向知道侯景的爲人，我也只不過是在利用他而已，侯景這個人雖然毫無忠誠可言，卻有才幹，如果不依靠他的幫助，我們如何能竄權奪位？」蕭正德不聽勸阻，繼續與侯景合謀叛亂。

侯景率軍圍攻京城建康，南梁諸王紛紛起兵抵抗，侯景久攻不下，開始想要和朝廷議和，彭城的劉邈就勸他說：「大將軍的軍隊停滯在這裡已經很久了，城池久攻不下，現在援兵群聚在這裡，想要攻破並不容易；如果再聽說我們軍糧只能支撐一個月，我們就有如嬰兒被人箝制在手掌上，任人宰割，倒不如和朝廷議和，我們還能全身而退，這才是上策。」侯景覺得他說的有道理，打算採納他的建議，但不久他又聽說前來救援的兵馬，號令不統一，沒有誰願意眞正爲朝廷效力，且城內瘟疫盛行，人心惶惶，侯景認爲若再堅持下去，一定會有響應他的人。侯景的謀臣王偉對他說：「將軍以臣子的身分起兵反叛，圍困京城，已經有百日，大軍燒殺擄掠，已經是騎虎難下，還不如再觀望一些時日。」侯景接受他的建議。此時，朝廷派人前來議和，使臣對侯景出言不遜，侯景一怒之下就命軍隊加速攻打皇宮，最後皇宮失守，軍隊進入皇宮大肆搶奪珠寶財物。侯景命王偉守住武德殿，箝制梁武帝蕭衍的行動，自己則假傳皇帝的命令，大赦天下，並頒詔說：「以前，奸臣擅自發號施令，幾乎危害社稷，全靠丞相英勇才智，入朝廷輔佐朕，前來救援京城的各路兵馬可以各自回到自己的領地去。」侯景將蕭正德降爲侍中、大司馬，百官都恢復他們各自的職務。

侯景先派遣王偉、陳慶等人先前往文德殿拜見蕭衍，蕭衍問：「侯景現在人在哪裡？卿可以傳詔他來見朕。」侯景就帶五百名士兵保護自己，攜帶佩劍上殿，拜見蕭衍。蕭衍問：「卿久在軍中，恐怕過於勞累？」侯景心中懼怕，不敢應答，還是身邊的人代他回答。侯景退出殿外，對王僧貴說：「我常騎馬打仗，也不曾懼怕過半分，今日見到蕭公，卻使我心驚膽戰，這難道就是所謂的天子威嚴？我無法再見他。」蕭衍的行動雖受到管制，心中卻氣憤難平，對侯景所奏的事情常加以譴責。侯景畏懼蕭衍的威嚴，也不敢威脅相逼。有一次，侯景派軍人在殿內值班，蕭衍就問制局監周石珍說：「是甚麼人派來的？」周石珍回答：「是丞相所派。」高祖故意問道：

「甚麼丞相？」周石珍答：「是侯丞相。」蕭衍就憤怒的斥責說：「他不就是侯景，怎麼稱他爲丞相！」此後，蕭衍時常要求一些東西，都不能稱心如意，連膳食也被裁減，最後抑鬱成疾而駕崩。侯景故意隱瞞皇駕崩的消息，不對外宣布，停棺在昭陽殿，內外文武官員對此事都不知情。二十幾天後，才將棺材抬出，迎接皇太子即皇帝位。

蕭正德對被降職一事心生怨恨，他對親信說：「我早知道侯景這個人事君不忠，也有人提醒過我，可我還是輕忽大意，現在他已經控制了皇宮，自命爲丞相，我就算後悔，也已經晚了。」這話傳到侯景耳中，侯景忌憚蕭正德要起兵作亂，就假傳皇帝的詔命把他殺了。

人物

侯景，字萬景，南朝朔方人，鮮卑化羯人，生於西元五〇三年，卒於西元五五二年。擅長行軍作戰，有謀略。起初效命於北魏，後投降於梁武帝蕭衍，封爲河南王。後來侯景起兵反叛，攻入皇宮，殺害蕭家宗室、世族琅琊王氏、陳郡謝氏，史稱侯景之亂。梁武帝蕭衍駕崩後，侯景又竄梁自立爲漢帝，被陳霸先、王僧辨等人討平。

釋評

在選用人才方面，對於在上位者來說，忠誠遠比才能更加重要。才能出眾的人，一個人也許可以做一百個人的事情，但由於他們才能優秀，想要招攬他們的人也必定不在少數，這個時候如果他們對於所效忠的對象沒有絕對的忠誠，可能就會背棄原先的君主，而去效命他人。反之，一個庸庸碌碌的人，或許他只能做十個人的事情，但他對於效忠的對象十分忠誠，不必擔心他們會背叛，也正因為這樣的人才能平庸，也不必擔心有其他人會來挖角。對於在上位者來說，選擇一名忠誠才能平庸的下屬，遠比任用一個才華出眾，卻隨時會背叛的下屬來得可靠的多。

以侯景為例，他雖然擅長行軍打仗，懂得運用謀略取勝，在軍中也頗有威名。但是他對於所效忠的對象並無絕對的忠誠，他投靠高歡，只是礙於時勢所迫，對於他並非十分忠心，雖然侯景的叛逃是由於高澄想要假借高歡的名義，將他騙去洛陽殺害，但侯景在此之前早已心生叛意。當他投靠梁武帝蕭衍時，也沒有對他絕對的效忠，後來他果然背叛梁武帝起兵造反。這樣三心二意，事君不忠的臣子，對於在上位者來說是個麻煩、隱患，所以在任用人才時要小心謹慎。

名人佳句

人主不公，人臣不忠也。

這句話是戰國時代荀子所說，出自《荀子．王霸篇》，意思是說：「一國之君處事不公平，做臣子的就不會忠心。」有的時候臣子不忠心，並非是臣子的人品問題，而是國君偏袒某位人才，引來其他臣子的不滿，讓這些臣子心生怨憤，轉而投效其他君主。所以，想要臣子為君盡忠，首先國君要懂得反省自己處事是否公正，而非一味的責怪臣子不忠誠。

原文

人不乏其能，賢者不拒小智。

譯文

人有各自的才能，賢能的君主不會拒絕善用小聰明的人。

事典

廣納門客的孟嘗君

戰國時代的孟嘗君本名叫田文，他的父親田嬰是齊威王的小兒子靖郭君。孟嘗君是田嬰的賤妾所生，因爲他正好出生在五月五日那一天，古俗認爲五月五日出生的小孩不祥。田嬰就對孟嘗君的母親說：「不要撫養他。」孟嘗君的母親不忍心拋棄孩子，於是就偷偷的將他撫養長大。有一次，孟嘗君的母親請求她的兄弟將孟嘗君引見給田嬰，好讓他們父子相認。田嬰知道後，就很生氣的責罵孟嘗君的母親說：「當初叫你不要養他，讓他自生自滅，你竟敢違背我的命令，這是爲甚麼？」孟嘗君跪下對父親磕頭，問他說：「您爲甚麼不撫養五月出生的孩子呢？」田嬰回答說：「五月出生的孩子，若長得跟門一樣高，將會對他的父母不利。」孟嘗君說：「人的生命是上天所賜予的，還是門所賜予的呢？」田嬰無言以對。孟嘗君說：「若是上天賜予的，那你還有甚麼好擔憂的呢？如果是門所賜予的，您可以把門加高，有誰能長到那麼高呢！」田嬰被他問得啞口無言，最後叫他住口，不要再講了。

過了一段時間，孟嘗君問田嬰說：「您擔任其國的宰相，已經侍奉三位國君了，齊國的土地不見增加，您的財產已有萬金，可是門下卻沒有一位賢能的門客能替您出謀劃策。我聽說將門必有良將，相門必有良相。可是您的家中奴僕們吃穿用度都比士人好。現在國家一天天的衰弱，您儲蓄了這麼多錢財，不用在爲國家招攬賢士上面，難道是想留給什麼人嗎？」田嬰聽了他這一番話，覺得他很有遠見，於是才將他當成自己的兒子看待，命他主持家事，負責招攬門下食客。

在孟嘗君的主導下，前來投靠的賢能異士日漸增多，他的名聲逐漸傳揚開來，諸侯都稱讚他很賢良，於是紛紛請求田嬰冊封他爲繼承人，田嬰也欣然答應。等到田嬰逝世後，田文就接替父親的爵位，成爲孟嘗君。

孟嘗君在薛地，招攬諸侯賓客與逃亡的罪犯，他將家財拿出來厚待他們，而且將他們一視同仁，並無貧賤的分別，與他們平起平坐，門客的吃穿用度和自己相同，因此得到天下士人的傾心歸附。

孟嘗君門下有兩個門客，一個擅長模仿狗去盜竊，一個擅長模仿雞叫，由於他們只會些小伎倆，平時也只能耍一些小聰明，而被其他賓客瞧不起。有一次，孟嘗君前往秦國當宰相，有小人向秦昭王進讒言說：「孟嘗君這個人很賢能，又是齊國的王族，現在到秦國當宰相，一定把齊國的利益放在秦國之前，那麼秦國就危險了。」秦昭王聽到這番話，就打消任用孟嘗君為宰相的念頭。秦昭王擔心孟嘗君會對秦國不利，於是就把孟嘗君關起來，想要隨便安個罪名把他殺掉。孟嘗君就派人去求見秦昭王的寵姬求助，寵姬說：「要我幫忙可以，我要孟嘗君的白狐皮衣。」孟嘗君的確有一件這樣的衣服，價值千金，天下間找不到第二件來，他來到秦國時已經當作禮物獻給秦昭王了，無法再拿出一件一樣的。

孟嘗君覺得很為難，問他養的那些門客，誰有辦法解決這個困境，都沒人能夠回答。先前那個擅長模仿狗盜竊的門客，就自告奮勇的說：「我有辦法拿到白狐皮衣。」晚上，他趁著夜色偽裝成狗的樣子，跑到秦國王宮的倉庫裡，把那件白狐皮衣偷出來，獻給秦王的寵姬。寵姬就在秦昭王面前美言，昭王就釋放孟嘗君。孟嘗君改名換姓，急忙快馬加鞭的離開王宮，他與門客到達函谷關時已是深夜，秦昭王後悔釋放孟嘗君，就派人去追趕他。依照法令函谷關只能在清晨雞啼的時候放行來往的旅客，孟嘗君擔心追兵馬上就要追上，為此焦急不已。先前那個會學雞叫的門下客就學雞叫，所有的公雞都一起附和的啼叫，函谷關守衛這才放行。等孟嘗君出關之後，追兵才到，只好返回。孟嘗君高興的說：「這次秦國之行真是有驚無險，幸好有你們二人相助，一個學狗偷盜，一個模仿雞叫，這在平時雖然只是不入流的雕蟲小技，但在危急時刻，卻足以救命。」從此以後，孟嘗君的門客沒有人敢再瞧不起他們兩人。

人物

孟嘗君，田氏，名文，生年不詳，卒於西元前二七九年，戰國時代養士四公子之一，與趙國平原君趙勝、魏國信陵君魏無忌、楚國春申君黃歇齊名。田文是齊國宗室大臣。他的父親靖郭君田嬰逝世後，田文繼承其爵位薛公，封邑在薛城（今山東滕州東南），也因而稱薛文。號孟嘗君，他以廣招門下食客而聞名。

釋評

俗語說：「天生我材必有用。」有些人擅長的雖然是雞鳴狗盜這樣的小伎倆，看起來不入流、難登大雅之堂，雖然無法委任這樣的人重大的事情，但若是領導者任用得當，即便是只會賣弄小聰明的人，也能發揮他們的功用。

以孟嘗君的事跡爲例，正因爲他招攬門客不計較他們的出身、才能的高低，在他面臨生死緊要關頭時，平時不起眼的雞鳴狗盜之徒，才能發揮他們的功用，適時的拯救孟嘗君一命。由這則故事可知，才能與智慧不分高低，下屬是否能展現出他們各自的才能，全賴領導者能否知人善任，任用得當，這才是選用人才的關鍵。

名人佳句

有大略者，不可責以捷巧；有小智者，不可任以大功。

這句話出自西漢淮南王劉安所編纂的《淮南子．主術訓》，意思是說：「有雄才偉略的人，不能苛責他沒有小聰明；有小聰明的人，不可以讓他擔當重任。」有雄才偉略的人，適合制定長遠的計畫，因為他深謀遠慮，堪當重任，但不能要求他有小聰明；而有小聰明的人，擅長鑽漏洞、走捷徑，這樣的人不夠深謀遠慮，無法擔當重任。小聰明的人，有他自己的長處，雖然無法委以重任，但若領導者任用得當，仍然可以將他的才能發揮出來。

度心術

原文

智或存其失，明者或棄大謀。

譯文

智謀也會存在缺失，英明的領導者有的時候也會捨棄遠大的謀略。

事典

王旦的失策

王旦是宋朝人，年幼時沉默寡言，勤勉好學，文才出眾。他的父親王佑對他未來的發展非常有信心，說：「這孩子將來可以做到宰相。」王旦二十三歲時考中進士，擔任平江縣知縣等職，有傳聞說平江縣的官舍鬧鬼，騷擾住在裡面的人，王旦上任前夕，有看守的官吏聽到裡面的眾小鬼說：「宰相到了，快點躲避。」從此之後沒有再聽說過有鬧鬼的情形。王旦將平江縣治理得很好，使百姓安居樂業，百姓都對王旦十分稱頌。轉運使趙昌言曾到平江縣巡視，對他的施政很滿意，很欣賞他的才幹，就將女兒嫁給他為妻。

從此之後，王旦的仕途十分順利，他的父親王佑長期累積聲望才得到主掌制書詔命這樣的職務，而王旦不到十年，就繼承王佑的職位。擅長識別人才的的錢若水見到王旦時就說：「這是當宰相的人才。」他和王旦一同在朝為官，對他的才能十分佩服，常對人說：「王大人志向高遠，是國家的棟樑之材，將來前途不可限量，我是望塵莫及。」宋眞宗趙恆即位後，覺得王旦很賢能，對他十分器重。有一次，宋眞宗問錢若水說：「朝中有哪些人可以任用？」錢若水回答：「王旦有德行威望，可以將重任交給他。」宋眞宗說：「他本來就是朕所屬意的人才。」

不久，契丹侵犯邊境，宋眞宗就召王旦與寇準前來商討對策，宋眞宗說：「遼國入侵邊境，朝中大臣們都不贊同出兵抗敵，參知政事王欽若，請求朕遷都金陵；陳堯叟，請求朕遷都成都，兩位愛卿以為如何？」寇準說：「出這種計策的人眞該死，現在國家面臨外敵入侵，正是應該團結作戰的時候，只要將領大臣盡忠職守，加上陛下若能御駕親征，那麼敵寇自然會四散竄逃。明明有把握打勝的仗，卻要為了害怕敵人而躲到遙遠的南方、蜀地去，屆時軍心渙散，還不用等敵人來攻，我們就先自亂陣腳了。」王旦說：「臣聽聞善用智謀的人，也會有犯錯的時候，這兩位大人提出遷都的策略，也是想避免戰禍，但陛下作為英明的君主，應該審時度勢，做出最正確的判斷，而非一味的聽信計策。」宋眞宗於是聽從寇準與王旦的建議御駕親征。王旦跟隨宋眞宗前往澶州（今河南濮陽附近），原本讓雍王趙元份留守京城，主持宮中事務，但他突然染上重病無法料理政務，宋眞宗就命王旦返回，代理朝政。王旦說：「希望宣召寇準，臣有事要啓奏。」等到寇準前來後，王旦就說：「如果十天內還沒有捷報傳來，該當如何？」宋眞宗沉默良久說：「立皇太子。」王旦回到京城，主持政務，不久傳來捷報，宋眞宗率領大軍凱旋而歸。

契丹接受宋朝的盟約，不再侵犯送朝邊境，寇準覺得這是他的功勞，對此志得意滿，眞宗也覺得很得意。王欽若忌恨寇準，就向眞宗進讒言說：「敵人侵犯我國疆土，雖然最後僥倖戰勝，但我們每年卻要向契丹繳納歲幣以換取和平，這對我們而言是奇恥大辱，陛下卻以爲這是功勞，臣以爲不可取。」眞宗聽了感到很憂慮，就問他說：「那還能怎麼辦呢？」王欽若猜測眞宗厭惡戰事，故意說：「陛下出兵攻打幽燕之地，就可以一雪前恥了。」眞宗說：「河朔一帶的百姓才剛免除兵災，朕怎麼能這麼做？再想其他的辦法。」王欽若說：「只有去泰山封禪，可以震服四海，向外國誇耀我們得到上天的庇佑。然而自古以來封禪的君主，必須得到稀有的祥瑞之兆才可以成行。」王欽若又說：「祥瑞之兆千古難得一件，想要得到可以人爲造假，只要君主相信，將之公告天下，那麼與眞的祥瑞沒有差別。」眞宗考慮了很久，才勉爲其難的答應，但又怕王旦不肯，就問：「要是王旦認爲不可行呢？」王欽若說：「臣就說這是陛下的旨意，他不會不同意。」他趁機向王旦說了此事，王旦雖然不贊同，礙於這是皇上的旨意，也不敢公然違逆。眞宗擔心王旦不肯，就召他前來飲酒，兩人相談甚歡，眞宗賜給他一樽酒說：「這酒味道很好，你拿回去和你的妻子共享。」王旦回家打開一看，發現裡面竟然全都是珍珠，他的妻子問他說這是怎麼回事？王旦這才恍然大悟，說：「這一定是陛下擔心我不答應僞造祥瑞之事，故意無端厚賞我，又擔心我不接受，這才騙我說這是美酒。」王旦的妻子說：「不然再把珍珠退回給陛下？」王旦說：「天子的賞賜豈可退回？想不到我一向自詡智慧絕倫，今日竟然不察，中了陛下的計策。」從此之後，王旦對於天降祥瑞與封禪等事，都沒有提出反對意見。

人物

王旦，字子明，生於西元九五七年，卒於西元一〇一七年。大名府莘縣人。擔任尚書省右僕射、昭文館大學士等職。王旦爲官清廉，沒有購置田地宅院。天禧元年病逝。宋眞宗追贈太師、尚書令、魏國公，謚號「文正」。

釋評

正所謂：「智者千慮，必有一失」（《史記・卷九二・淮陰侯傳》）再有智慧的人，也有誤判情勢的時候，他們制定出來的策略方針，不完全是正確的，所以英明的領導者，應該要能自己判斷情勢，再來決定是否採納下屬所提供的策略。領導者不應該盲目聽從下屬所擬定的策略方針，失去自己明辨是非、判斷形勢的能力，這樣可以避免過於依賴下屬，也是避免被下屬牽著鼻子走。即便下屬智慧再高超，謀略再高明，一位合格的領導者應當具有審時度勢的能力，而最後是否接受下屬的建議，決定權仍在於領導者身上。

名人佳句

智者盡其智，謀士盡其謀，百工盡其巧。

這句話出自劉向編纂的《管子．山至數》，意思是說：「英明的君主應該讓擅長運用智謀的人，盡其所能的制定智謀計策，擅長製作各種工藝器具的人，發揮他們的特長。」一名優秀的領導者，要懂得任用人才，把人才放在適當的位子上，如此才能讓他們發揮最大的功用。擅長使用智謀權術的人，就要讓他們竭盡所能的制定策略方針，然而是否採用最後的決定權仍在領導者身上，如果一味的聽信下屬的話，那麼領導者就失去他領導統御的功能了。

原文

不患無才，患無用焉。

譯文

不擔心沒有人才，只擔憂不懂得知人善任。

事典

善用人才的唐太宗

唐太宗李世民，廣納賢臣良將，他以文德治理天下，並開疆拓土，使得西北各藩人部落尊稱他爲「天可汗」。他之所以能把國家治理好，深受臣民愛戴，最重要的一個原因就是他懂得知人善任。

有一次，李世民召見中書令房玄齡，問他說：「隋文帝是一個怎樣的君王？」房玄齡回答說：「聽說隋文帝能克制自己的私欲，使言行舉止合乎禮節，勤勞處理政務，幾乎所有的事情都親力親爲，每次到朝堂上處理政務，時間都很長，有時直到太陽西沉才休息。雖然不是本性仁愛開明的君主，但至少很勤勉於政務。」

李世民說：「愛卿只知其一，不知其二。隋文帝這個人性情極端苛察而內心昏暗，極端苛察容易對人產生懷疑，內心昏暗則無法洞察事情的眞相，他覺得群臣都不値得信任，所以事必躬親，雖然把自己搞得身心俱疲，卻不能把事情處理得圓滿。朝臣們知道皇上的心意，也不敢直言不諱，宰相以下的官員，也只能依循他的心意辦事，這樣的君王是不可能把國家治理好的。」房玄齡問：「依陛下之意，要如何才能把國家治理好呢？」李世民說：「天下如此廣大，怎能僅憑一人來裁決判斷所有的事情？朕認爲應該廣納天下的人才，讓他們處理天下的事務，委以重任，由主上來查驗成效，使每個人才都能發揮自己的功用，如此才能達到預期的治理效果。」房玄齡說：「陛下眞是懂得任用人才，這也是陛下受臣民愛戴的緣故，連番邦外族都對陛下心悅臣服。」李世民頒布命令召告大臣們說：「陛下所頒布的命令，若有不妥當的地方，就要堅持上奏，不要一味順從皇帝的命令。」

正因爲李世民懂得用人的道理，而且能夠接受臣子所提出的不同意見，他才能開創大唐盛世，成爲中國歷史上一代明君。

人物

李世民，生於西元五九八年，卒於西元六四九年。唐代第二位君主，高祖李淵之子。隋朝末年，跟隨高祖起兵，平定四方勢力，建立唐朝後，受封爲秦王。李世民即位後勵精圖治，廣納賢才，接受臣子的諫言，輕薄賦稅，平定吐蕃、突厥等外族入侵，開創太平盛世，史稱「貞觀之治」。在位二十三年，死後廟號太宗。

釋評

一個成功的領導者，應當要懂得知人善任，在他們的眼中，沒有不合適的人才，只有不懂得用人的領導者。無論是有小聰明的人，還是才智出眾的謀臣，只要將他們放在適當的位子上，他們就發揮自己的長處；如果人才無法發揮他的功用，領導者應該自我檢討是否錯判了他的才能，導致用人不當的情況出現，而非只是抱怨人才沒有竭盡所能的爲領導者辦事。因此，懂得任用人才，是英明的領導者必備的特質。

知人善任的唐太宗與剛愎自用的隋文帝相比，就能很明顯的看出這兩個人的高下優劣。唐太宗懂得知人善任，把事情委任給臣子去辦理，自己則負責查驗成果，就可避免事必躬親的勞苦，而臣子有機會建立功業因而得到朝廷的獎賞，會促使他們盡心竭力的爲國家辦事。而且唐太宗能夠接受臣子們對他施政提出的反對意見，皇帝也不是全能的人，他的判斷也會有失誤的時候，臣子們的職責就是在皇帝犯錯時適時的予以指正，而皇帝也需要能虛心的接受，這樣才能及時矯正錯誤。隋文帝對臣子不信任，不放心把事情交託臣子去處理，所以凡事都親力親爲，花很多時間在處理政務上，成效卻很小。而且他不能接納臣子提出的反對意見，導致臣子即便知道他頒布的命令有所缺失，也不敢直言。

名人佳句

知人則哲，惟帝難之。

這句話摘錄自《尚書．皋陶》，意思是說：「能夠辨識別人的品德才能，就能稱得上明智，這一點就連堯、舜那樣賢明的帝王也覺得很困難。」在英明領導者的眼中，沒有一個人是無用之人，每個人都有自己的長處與短處，發掘人才的長處，委任他們適合的職務，這是領導者的工作；然而每個人的個性與能力都不容易被掌握與了解，所以說鑑別人的品德與才能並不是一件容易的事情。

原文

技顯莫敵祿厚，墮志也。

譯文

才能突顯的人敵不過金錢的引誘，金錢能瓦解人的意志。

事典

貪財的伯嚭

春秋時代吳國與越國交戰，越國戰敗情勢非常危急，越王勾踐就問大臣范蠡說：「吳王夫差率兵緊追不捨，寡人應該怎麼辦呢？」范蠡說：「現在最重要的就是保住性命，言詞謙卑的贈送豐厚的禮物向吳王夫差講和，如果他不答應，就以自身作為人質侍奉吳王。」勾踐就派大夫文種前往吳國表達越國求和之意，他朝夫差跪拜叩頭說：「勾踐派臣文種前來議和，勾踐請求作為大王您的臣子，妻子作爲大王的侍妾，侍奉大王左右。」夫差想要答應。伍子胥反對說：「越國是上天賜予吳國的禮物，大王眼看就能將越國併入吳國的疆土了，千萬不要答應他，如果現在饒勾踐一命，若是將來他東山再起，將成吳國的心腹大患啊！」文種就回去如實稟報勾踐，勾踐想要與大差決一死戰。文種就阻止勾踐說：「臣聽說吳國太宰伯嚭貪心，喜歡金銀珠寶，大王不如以金錢利誘他，私底下將意圖透露給他知道，他一定願意幫我們勸說夫差接受議和。」勾踐就準備許多美女和珍寶，托文種轉交給伯嚭。伯嚭起初不願意，後來敵不過金錢的利誘，就答應文種在夫差面前替越國講話。伯嚭引薦文種去見吳王，文種叩頭說：「希望大王能赦免勾踐的罪行，他願將越國的珍寶全部獻給大王。如果得不到大王的赦免，勾踐就要將寶物焚毀，殺了妻子兒女，率領五千人與吳國決一死戰，勢必讓吳國付出相當的代價。」伯嚭也在旁勸說道：「越國心甘情願臣服吳國，大王若赦免他，對我國有利。」吳王聽了很心動，想要准許，伍子胥進諫說：「如果不趁此時滅掉越國，以後大王一定會後悔。勾踐是位賢君，他有賢良的臣子文種和范蠡，如果日後造反，一定會成爲吳國的心腹大患。」吳王不聽他的勸諫，赦免了越國，率領士兵返回吳國。文種回去後，將這個好消息告訴勾踐，勾踐說：「伯嚭雖然是吳國的臣子，但只要以金錢利誘，他一樣可以爲我所用。」

二十多年後，勾踐勵精圖治，在文種和范蠡的輔佐下，國力日漸強大，最後反攻吳國，大敗吳軍，吳王夫差也自刎而死。

人物

伯嚭，（生卒年不詳），又作伯否，春秋時代楚國人，吳王夫差在位時擔任太宰，亦稱太宰否。楚國名臣伯州犁的後代，父親伯郤宛被楚國令尹囊瓦所殺，就逃到吳國，得到吳王寵信，官至宰輔。吳國大敗越國時，伯嚭接受勾踐的賄賂，在夫差面前替他美言，才使得勾踐逃過一死。後來伯嚭陷害伍子胥，伍子胥被迫自刎而死，間接導致吳國的滅亡。

釋評

君王想要將人才收爲己用，可以用金錢利誘，沒有人不喜歡金銀珠寶，人才也是要吃飯穿衣的，處處都需要用錢，而古代賢臣良將願意追隨君王，除了志同道合以外，也是爲了可以得到豐厚的賞賜與官職，特別是對於那些意志不堅定的小人來說，以金錢利誘特別管用。然而爲了金錢利益來投靠的臣子，往往不會爲國君付出太大的忠心，若然有更值得效忠的對象，或者能夠給予更大的利益，他們就會背棄原先的君主投靠他人。

伯嚭是個只要看到眼前利益就會意志不堅定的人，他是吳國的臣子，但是當勾踐派文種送他豐厚的金銀珠寶之後，他就轉而幫勾踐說話，完全忘了自己是吳國的臣子，應該隨時隨地以吳國的利益爲最大考量，這樣的人若想要能爲己所用，用金錢利誘最能看到成效。

名人佳句

惑心者，必勢利功名也。

這句話出自晉代葛洪所撰的《抱朴子．酒誡》，意思是說：「能迷惑心志的，一定是名利權勢。」每個人都有欲望，這些欲望不外乎名利權勢，為了追名逐利而不擇手段，甚至背棄道義，這樣的人在歷史上不勝枚舉。也正因為一般人無法拒絕名利權勢的誘惑，在招攬人才時，領導者可以多加利用這一點。然而會受名利權勢誘惑的，多數都是心志不堅定的小人，這樣的人雖然在金錢的利誘下，一時能為己所用，若是有朝一日別人出了更高的價碼，他隨時也會為了金錢而出賣原本的主人。所以這樣的人用他只是權宜之計，並不是長久可以信賴的對象。

原文

情堅無及義重，敗心矣。

譯文

情意堅深比不上節義操守來得重要，節義操守能改變心之所向。

事典

五羖大夫百里傒

春秋時代，有位賢能的人叫做百里傒，他在虞國做官卻不受到重用。後來晉獻公滅掉虞國，百里傒和虞國國君都被俘虜，晉獻公攻打虞國之所以如此順利，是因爲他用白璧和良馬賄賂了虞國的國君。晉獻公俘虜了百里傒之後，就把他當作秦繆公夫人的陪嫁奴僕送到秦國去。百里傒逃出秦國，被楚國人捉了起來。

秦繆公聽說他很賢良，想要用重金將他贖回，又擔心楚國不肯放人，就派人對楚人說：「我國陪嫁小臣百里傒被你們捉起來了，希望能以五張黑羊皮將他贖回。」楚人只覺得百里傒是一個無關緊要的人，於是就將他釋放。那個時候，百里傒已經七十多歲了，秦繆公將他從囚車裡放出來，和他談論國家大事。

百里傒辭謝說：「臣是亡國之臣，沒資格和秦君討論天下大事。」秦繆公說：「虞國的國君沒有慧眼，放著像先生這樣的人才而不用，不是先生您的過錯。」秦繆公又繼續以國事諮詢他，百里傒所獻的政策很合秦繆公的心意，於是就指派官職給他，因爲他是用五張黑羊皮贖回的，人都稱他爲「五羖大夫」。

秦繆公問百里傒說：「卿爲何要侍奉像虞君這樣只貪圖眼前小利的人呢？」百里傒回答：「我當然知道虞君的爲人，也知道他不會重用我，可是他給我高官厚祿，利益當前我實在是無法拒絕啊！」秦繆公說：「金錢利誘果然會使人喪失志氣啊！」他又問：「難道卿現在願意侍奉寡人，也是爲了官職和俸祿嗎？」百里傒回答：「臣現在之所以願意侍奉大王，是因爲大王願意將國家大事託付於臣，臣只不過是一個亡國之臣罷了，可是大王卻待臣如此寬厚，不僅向楚人將臣贖回，還委任以官職，臣是感念大王的恩義，所以願爲大王效犬馬之勞。」秦繆公聽了很高興，從此更加重用百里傒。

人物

百里傒，也作「百里奚」，字井伯，生卒年不詳，春秋時代虞國人，有才幹。虞國被晉國滅亡後，百里傒先是被當成陪嫁奴僕送到秦國，後逃到楚國宛城被楚人所擒捉，秦繆公聽說他很賢能，本欲以重金贖之，又怕楚國不肯放人，就故意說他是秦國的陪嫁奴僕，以五張公羊皮贖回，授予他大夫的官職。事見司馬遷《史記．卷五．秦本紀》。

釋評

君王想要拉攏人才，可以對他們曉以恩義，君王如果能屏棄私人的成見而以家國與百姓爲重的話，賢良的臣子通常都會深受感動，而心甘情願的爲君王效命。只有被君王的恩義所打動的臣子，才會眞心實意的效忠君王。就像百里傒這樣的人才，虞國滅亡，秦繆公不僅不介意他是亡國之臣的身分，還把他從楚國人手裡贖回並重用他，對百里傒來說，秦繆公對他有大恩，自然就心甘情願爲他效命。

名人佳句

義重於生，捨生也可；生重於義，全生可也。

這句話摘錄自南朝宋范曄所撰《後漢書．李杜列傳》，意思是說：「把節義看得比生命重要，那麼為了保全節義，就算犧牲性命也在所不惜；把生命看得比節義重要，那麼就會為了生存而犧牲節義。」一個懷有高超技藝的良才，如果他把生命看得比節義重要，那麼只要給他錢，他就能出賣原來的君王，轉而為他人效命；如果他把節義看得比生命重要，這樣的人給他金錢是不能打動他的，就只能施恩於他，讓他感恩戴德，自然就能為君王所用。對於不同品德的人才，想要招攬他們就要施以不同的手段，這樣才能讓人才心甘情願為君王效命。

欺心卷

愚人難教，欺而有功也。智者亦俗，敬而增益也。

自知者明，人莫說之。身危者駭，人勿責之。無信者疑，人休蔽之。

詭不惑聖，其心靜焉。正不屈敵，其意譎焉。誠不悅人，其神媚焉。

自欺少憂，醒而愁劇也。人欺不怒，怨而再失矣。

原文

愚人難教，欺而有功也。

譯文

愚笨的人無法透過教導而改變他，只能以欺騙的手段達到目的。

事典

養猴人的馴猴秘訣

約在春秋戰國時代的宋國，有一個養猴人，他養了一大群猴子，這些猴子每餐都要吃很多的果子，爲了供給猴子食物，他花了很多的錢。日積月累，養猴人逐漸有些吃不消，眼看家產就要被花光。想要減少猴子每日果子的數量，但又擔心猴子不肯順從，會四處搗亂，爲此頭疼不已。

有一天，有個朋友前來拜訪，養猴人就把自己的煩惱對他說了，朋友說：「猴子愚昧無知，不似人一般可以跟他講道理，你只能用欺騙的方法來達到你的目的。」養猴人靈光一閃，一日餵食時他故意對猴子說：「我早上給你們三顆果子，晚上給你們四顆，你們覺得如何？」猴子們覺得太少，都紛紛憤怒的上竄下跳抗議。養猴人又說：「那我早上給你們四顆，晚上給三顆，這樣總可以了吧？」猴子覺得數量增加，所以很高興的接受了。

不久，那位朋友又前來拜訪，養猴人就把他的方法告訴朋友，朋友說：「眞是聰明啊！猴子愚笨，以爲早上四顆果子，晚上三顆果子，數量有增加，其實加起來一共是七顆；而你之前說早上三顆果子，晚上四顆果子，也一樣是七顆，兩個方案總數都是不變，只是因爲早上給的果子數量增加，猴子就產生數量好像有增多的錯覺，這種以欺騙的方式來達到你減餐的目的，眞是高明啊！」

釋評

有的時候對於某些愚笨的人，無法通過講道理的方式，讓他了解事情的眞相，心甘情願的做出改變，對於這樣的人只能以欺騙的手段來達到目的，這是一種變通的方法，也是不得已的手段，畢竟欺騙是不正當的行爲，但爲了大局著想，有時也不得已而爲之。所謂愚笨的人並非是指人的智能不足，而是無法看清楚事情眞相的人，他心中對事情有了偏見與成見，蒙蔽了他的視聽，讓他產生錯誤的判斷。這樣的人，即便事實擺在眼前他也拒絕相信，並不能通過教導來改變他，只能隱瞞實情，營造出他想要的樣子，讓他願意接受，以達成某種目的。

就像養猴人的故事，他因爲經濟上面臨困難而無法無限供應猴子果子，所以要減少牠們每日的食量，但猴子愚昧無知，只知道憑著本能進食，哪裡會明白養猴人的難處。既然無法理性溝通，就只能以欺騙的手段，讓猴子誤以爲早上四顆，晚上三顆，果子的數量有增加，進而讓牠們同意一天只能吃七顆果子的安排，實際上朝三暮四，和暮四朝三，總數都是相同的，本質上並沒有增加或減少，但順從猴子的心意，讓猴子減少食量的計畫得以順利推行。

名人佳句

唯上知與下愚不移。

這句話是孔子所說，出自《論語・陽貨篇》，意思是說：「只有最聰明的人和最愚笨的人是不可改變的。」聰明的人能看清事情的真相，所以他們心志堅定，不會因為別人三言兩語就動搖。愚笨的人看不清楚真相，只相信他們心中認可的事實，即便真相擺在眼前，他們也拒絕接受，這樣的人因為愚昧無知，雙眼被蒙蔽，也無法通過說理的方式來說服他們。

度心術

原文

智者亦俗，敬而增益也。

譯文

智者也和世俗人一樣希望被敬重，尊敬他們可以獲得更高的效益。

事典

禮賢下士的燕昭王

燕王噲是戰國時代的燕國國君，他在位的時候很信任國相子之，子之的地位尊崇。鹿毛壽對燕王噲說：「不如將國君之位禪讓給子之。」燕王噲說：「寡人雖然很信任子之，也很倚重他的才華，但把國家讓給他這樣的大事，寡人認為不可行。」鹿毛壽說：「現在朝臣都對太子心悅臣服，只聽從太子的號令，大王雖然名義上把國家交給子之打理，但實際掌權的人是太子，所以大王把國家交給子之，等於把國家交給太子。況且，當初堯把天下讓給許由這樣的賢者，許由不接受，堯因此得到賢能的美名，現在大王效仿堯，把國家禪讓給子之，子之一定不敢接受，這樣百姓也會稱頌大王是一名賢能的國君。」

燕王噲就把國家交給子之治理，但子之的反應不像他設想的拒絕，反而欣然接受。其他大臣問他說：「即便是燕王主動要把國家讓給你，你身爲臣子就應該盡臣子的本份，怎麼能接受不屬於你的東西呢？」子之回答說：「大王讓位給我，是出於對我能力的肯定與重視，我如果拒絕了，不等於承認自己是個庸才，無法把國家治理好，這樣以後大王會更加看不起我。」那位大臣說：「要證明自己實力有很多方法，你身爲臣子卻代國君行使君權，非是忠君愛國的表現，更會使朝臣與百姓怨聲載道，燕國離禍患不遠了。」子之不理會他的忠告，代替燕王噲行使國君的權力，燕王噲年老不處理政務，反而做了臣子，國事都由子之決定。

三年後，燕國內亂，大臣們認爲子之主持國政，與臣子竄權奪位無異，臣民都要求之子將國君之位交還給太子，子之不肯，太子與將軍市被合謀圍攻子之，齊國表面上支持燕國太子，私底下卻想趁機攻打燕國。太子有了齊國的支持，就攻入王宮，想逼子之退位，但並未成功。反而將軍市被倒戈相向，攻打太子，雙方交戰，市被戰死。戰亂持續數月，死了數萬人，百姓人心惶惶，燕國大亂。

有人建議齊王說：「現在是攻打燕國的最佳時機，子之身爲臣子卻代行國君之事，這是不忠，齊王您若能出兵伐燕，解救燕國百姓於水火之中，是仁義之事，應當儘速去做。」齊王就命將領率軍攻打燕國，燕國君臣離心，百姓也對朝廷十分失望，士兵無人前往戰場作戰，城門也不關閉，燕王噲死了，齊君大獲全勝，子之也在這場戰役中身亡。

兩年後，太子即位，是爲燕昭王，他是在齊君攻破燕國之後才即位，他以謙恭的態度，貴重的禮物，四處招攬賢士，希望能重振燕國。他重用郭隗，問他說：「齊國趁我國內亂時，襲擊攻破了燕國，這是奇恥大辱，我想要重振燕國，一雪前恥，但我知道燕國弱小，僅憑一國之力難以報仇雪恨。我想要招攬賢士，和他共同治理國家，一雪先王的恥辱，但賢士通常心高氣傲，恐怕不肯爲燕國所用，先生有甚麼妙計可以招攬賢才嗎？」郭隗說：「大王有如此決心很好，想要招攬智慧超群的賢能人才倒也不難，即便是賢人也喜歡聽阿諛奉承的話，也喜歡被人敬重的感覺，只要大王願意放下身段，虛心向他們討教，發自內心的尊敬他們，這樣他們就會心甘情願爲大王所用。」燕昭王問：「先生有合適的人選可以爲寡人舉薦嗎？」

郭隗說：「臣聽說古代的明君，有用千金去尋千里馬的，派人去尋訪三年也沒找到合適的。有一位近臣告訴君王說：『找到千里馬了，請您派我前往去買。』三個月後找到千里馬，可是那匹千里馬卻死了，近臣就把馬的頭買下來，回去稟告君王。君王見狀非常生氣地罵他說：『寡人要的是活的馬，你花五百金買匹死馬回來有何用？』近臣回答說：『這是爲了傳揚大王您愛馬的美名，一匹死馬都願意花費五百金購馬，何況是活的馬呢？天下人一定會覺得大王爲了買到千里馬而不吝惜金錢，那麼天下的良馬不需要特地去求，自然就能送上門來。』果然不到一年，千里馬就有三匹主動送上門來。現在大王想要招攬天下的賢士，何不就從臣開始，像臣這樣平庸的人才，若是大王您都能禮遇的話，天下人都會見到大王您求取賢才的決心，那麼天下比臣賢能的人才就會紛紛前來投靠。」燕昭王聽了覺得很有道理，就替郭隗擴建房邸，尊奉他爲老師，對他十分禮遇。

果然過了不久，魏國的樂毅、齊國的鄒衍、趙國的劇辛都離開自己的國家前來投奔，許多賢能異士也紛紛到燕國來投效。沒多久，燕昭王就將燕國治理得井井有條，百姓殷實富足，士兵都願意上戰場殺敵，最後聯合其他國家打敗齊國，重振燕國名聲。

人物

燕昭王，姬姓，名平，生年不詳，卒於西元前二七九年，戰國時代的燕國國君，燕王噲之子。子之之亂後，燕王噲卒，燕人擁戴太子平爲燕王（據司馬遷《史記》記載）。燕昭王以樂毅爲上將軍聯合秦國、楚國、三晉共同攻打齊國，齊兵戰敗，燕國佔領齊國七十多城（齊國疆土只剩莒、即墨二城），造就了燕國盛世。

釋評

有智慧的人能洞悉世態人情，任何陰謀詭詐在他面前都無所遁形，所以想要將他們收爲己用，不能以欺騙的方式或耍小手段來令他們心悅臣服，這樣只會讓他們覺得不被尊重而更加疏遠。人都喜歡被人重視，被尊敬的對待，尤其是那些自命清高的智者，只要領導者壓低姿態，放下自己的尊嚴，不要以在上位者自居，虛心的向他們請教，那麼就能獲得智者良好的印象，自然也就心甘情願替領導者效命。

燕昭王就是一個能夠禮賢下士的國君，國君是一國擁有至高無上權力的人，但他不以統治者自居，願意放下國君的尊嚴與榮耀，虛心的禮遇那些賢能的人。他先從郭隗開始，尊奉他爲老師，以弟子的禮節侍奉他，其他有才能的人聽說了，都紛紛前來投奔，這就是燕昭王能夠振興燕國的秘訣。

名人佳句

貴而不驕，勝而不恃，賢而能下，剛而能忍，此之謂禮將。

這句話出自三國蜀漢諸葛亮《將苑．將材》，意思是說：「統治者身分高貴卻不驕傲，打勝仗而不自恃己功，才能出衆而能禮遇部下，剛毅能夠忍耐，這是所謂的禮遇將領。」統治者地位崇高，往往容易驕矜自負，覺得下屬都應該巴結他、看他的臉色行事，這樣的人無法得到下屬心甘情願的效命，因為有能力的部下，也會驕傲自負，當統治者抬高姿態時，就無法讓這些有才能的將領心悅臣服，亦無法將人才真正的收為己用。所以領導者要先學會放下自己的尊嚴與地位，與下屬平起平坐，建立了功勳也不要以為全是自己的功勞，要謙虛的向部下學習，遇到衝突時不要堅持自己的立場，要學會忍耐、克制自己的脾氣，這樣才是真正的禮賢下士。

原文

自知者明，人莫說之。

譯文

了解自己的志向，心志堅定不移的人是明智的，別人不能以威脅利誘的手段說服他。

事典

寧死不降的龐德

龐德是東漢末年名將，武藝超群，勇猛無雙，原來是馬超的麾下，後來歸降曹操。曹操聽說他驍勇善戰，於是授任他爲立義將軍，封爲關門亭侯，食邑三百戶。後來，侯音、衛開等人佔據宛城造反，龐德跟隨曹仁出兵攻陷宛城，將侯音、衛開二人斬首，之後就屯兵駐紮樊城，討伐關羽。劉備佔據漢中，駐紮在樊城的士兵，因爲龐德的兄長在漢中，就私下紛紛議論說：「龐將軍雖然平定了宛城之亂，但他的兄長在漢中，依我看他投降曹操並非眞心，看來不久他就會背叛曹操，前去投靠劉備了。」這話傳到龐德耳中，他很生氣的說：「我蒙受國家的恩惠，必當以死報效，這些人居然因爲我兄長的行爲來議論我的爲人，當眞可惡至極，難道我龐德是那種忘恩負義，背叛國家的小人嗎？」他又說：「來日戰場上與關羽相見，不是他殺了我，就是我殺了他。」

後來龐德與關羽交戰，用箭射中了關羽的前額。曹仁派龐德駐紮在樊城以北十里的地方，連日大雨，河水暴漲，龐德和將領們爲了躲避洪水，到了河堤之上。關羽在此時乘船前來攻打，在船上命弓箭手朝河堤上射箭，河堤沒有可以遮蔽的地方，許多人都躲避不及而喪命。龐德手持弓箭，身披鎧甲反擊，有些將領想要投降都被龐德殺了。龐德奮力作戰，直到弓箭射完了，就拿起匕首繼續搏鬥。

督將成何勸他說：「關羽算準了河水暴漲前來襲擊，如今我軍被洪水困在這裡，敵方人數重多，我們作困獸之鬥也堅持不了多久，不如還是先投降，再做打算，若是命喪於此，就再也沒有翻身的機會了。」龐德說：「你跟隨了我這麼久，難道還不明白我的心志嗎？我龐德哪裡是貪生怕死的小人，曹操對我禮遇有加，我怎能爲了求生而背叛他？我聽說優秀的將領不會因爲貪生怕死而苟且偷生，有抱負的人不會爲了求生而毀掉節操，我今天寧願與關羽一決死戰。」龐德更加勇猛殺敵，絲毫沒有半點退縮的樣子，河水越漲越高，許多士兵都投降了。

龐德和僅剩的數人，打算乘船回到曹仁的營地，半途船被浪打翻，只能漂浮在水上，最後被關羽擒獲。龐德站著不肯向關羽下跪，關羽說：「你的兄長在漢中，你若是肯投降，我可以讓你做我的將領，保證不殺你，如何？」龐德大罵說：「小子，說甚麼投降！魏王曹操率兵百萬，威震天下。你的主上劉備不過是個平庸之輩罷了，哪裡比得上魏王？我寧願爲國捐軀，也不肯投降做敵人的將領。」關羽愛惜他的才幹，並不想殺他，可是見他心志如此堅定，也感到爲難，就與親信商討對策。

親信說：「對於心志堅定的人，是無法以死威逼的，因爲這種人往往不怕死，不會因爲懼怕死亡而就範；也無法以利益來引誘他們投降，他們連死都不怕，豈會在乎金銀珠寶這種身外之物。龐德剛好就是屬於這種人，我知道將軍您惜才，可是他既然不肯爲我們所用，若是饒他一命，無疑縱虎歸山，他日戰場相見恐怕情勢會完全反轉，爲了免除後患，將軍也只有殺死他一途了。」關羽說：「我知道龐德不是那種貪生怕死、趨炎附勢的小人，所以才想用親情打動他，告知他兄長在漢中，誰知他意志如此堅定，連親情也不爲所動。」關羽十分無奈，只好殺了龐德，消息傳到曹操那裡，他十分悲痛，封賞龐德的兩個兒子。

人物

龐德，生於西元二世紀，卒於西元二一九年，也作龐悳，字令明，涼州南安狟道（今甘肅省天水市武山縣四門鎮）人。東漢末年將領，果敢勇猛，武藝超群，原先投入馬騰與馬超父子麾下，後於建安二十年（西元二一五年）跟隨隨張魯歸順曹操。死後曹丕諡曰壯侯。

釋評

在欺心卷中談論的是，領導者對於甚麼樣的人，應當採取何種手段，讓他心甘情願爲他效命。對於那些心志堅定，不會被金錢誘惑，也不會懼怕死亡的人，想要收服他們就必須曉以大義，才能讓他們心悅誠服。因爲這樣的人不貪生怕死，只爲了保全節義操守，實現心中的價值理想，若是威逼利誘的手段，無法達到預期的效果。

龐德就是這樣的人，他爲了國家大義，寧死不降，把大義和尊嚴看得很重，要他投降敵人苟且偷生，是一件很屈辱的事情，他寧可戰死在沙場上，也不肯對敵人卑躬屈膝。

名人佳句

三世一切諸如來，靡不護念初發心。

這句話出自釋迦牟尼佛《大方廣佛華嚴經》，於闐國三藏實叉難陀奉詔制譯，意思是說：在漢傳佛教來說，佛教徒初發的心念是自己成佛，利益一切衆生，這樣的心念最為珍貴，所以三世一切諸佛，沒有不護持初發心的人。

現代人常說的「勿忘初心」就是由《大方廣佛華嚴經》引申演變而來，每個人在最初立定志向時的心念，大多是利人或者利天下，大體來說皆是向善的，但在世俗中闖蕩許久之後，這樣正面珍貴的心念逐漸喪失，初心被追名逐利的心所取代，為了獲得利益甚至不擇手段。對於真正心志堅定的人，無論如何威逼利誘，他都不會改變最初的志向，而這樣的人往往是最能守護初心的，值得我們學習效仿。

原文

身危者駭，人勿責之。

譯文

身處險境的人內心懼怕，別人不要對他加以指責。

事典

對漢朝徹底失望的李陵

李陵是西漢的將領，武帝派他去攻打匈奴，只派給他五千兵馬，李陵雖然英勇奮戰，但匈奴單于親征，率領約十萬餘兵馬，李陵寡不敵眾，血戰被擒，形勢所迫只好投降。

消息傳回漢朝，武帝大怒，朝臣們紛紛指責李陵投降的行爲，認爲他背叛國家，令漢朝蒙羞。武帝以此事詢問司馬遷，問他對此事的看法，司馬遷回答說：「臣聽說身處險境的人，不能過度指責他，否則容易使他挺而走險，做出令人意想不到的事情來。李陵為國家盡心竭力，忠於陛下，為人一向有國士之風，現在只不過做了一件不幸的事情，那些貪生怕死只想保全身家性命的大臣就隨意詆毀構陷，此事若是傳入深陷敵營的李陵耳中，將是如何的痛心疾首？臣並不相信李陵是真心投降匈奴，他之所以保住一條命，是為了將來能有機會回報朝廷，但若是陛下與朝臣們過份苛責於他，甚至問罪於他的家人，讓李陵知道了，豈不是更加心痛，只會讓他對朝廷失望，甚至轉而幫助匈奴。所以，臣懇請陛下不要追究李將軍的罪過，寬恕他的家人。」漢武帝原先希望李陵戰死，但他卻投降匈奴，對於此事已經非常生氣，又聽到司馬遷為他辯解，更是惱怒，就判司馬遷宮刑。

這件事過了很久，武帝開始後悔當初沒有及時出兵救援，導致李陵被匈奴俘虜，武帝派因杅將軍公孫敖深入匈奴接李陵回來。公孫敖無功而返，回稟武帝說：「捕獲的俘虜說，李陵教匈奴用兵以防備漢軍來襲，所以臣沒能完成陛下的託付。」武帝聽說之後，就很惱怒，殺光了李陵的家人。這件事傳入李陵耳中，他十分的悲痛。後來，漢朝派使者出使匈奴，李陵責問使者說：「我替漢朝率領五千士兵出征匈奴，因為沒有得到救援而被俘，我哪裡對不起漢室，皇帝要殺我全家？」使者回答說：「陛下聽說你教匈奴用兵，因而發怒。」李陵說：「那個人不是我，他是李緒。」李緒原本是漢朝的塞外督尉，投降匈奴，李陵因為自己家人受到李緒的牽連而被殺，所以痛恨李緒，甚至派人去刺殺他。

單于很欣賞李陵的驍勇善戰，對他很禮遇，還把女兒嫁給他為妻，立為右校王。漢昭帝即位後，大將軍霍光、左將軍上官桀受命輔政，他們與李陵一向親善，就想要派人將李陵接回，於是派李陵的同鄉舊友任立政等三人前往出使匈奴，一同去將李陵接回。任立政對李陵說：「漢朝已經赦免你的罪過，皇帝年少，中原百姓安居樂業，現在是霍光、上官桀執政，沒有人會對你妄加非議，你可以回來了。」想要用這番話來打動他，李陵沒有說話，過了很久才說：「我率兵力戰匈奴的時候，武帝沒有派兵救援，我投降匈奴之後，武帝殺光我的家人，在我身陷敵營番邦之時，漢朝不但沒有想要營救我回去，只是指責我投降匈奴，甚至把莫須有的罪名加在我身上，而處死我的家人，這對我而言是奇恥大辱。就算現在昭帝即位，我也已經對漢朝死心了，不想再回去遭受第二次侮辱。」最後，終其一生，李陵都沒有回歸漢朝。

人物

李陵，字少卿，隴西成紀（今甘肅省天水市秦安縣）人，生年不詳，卒於西元前七四年。西漢名將李廣之孫。武帝時，擔任騎都尉一職。天漢二年（西元前九九年），率五千步兵，力戰匈奴十餘萬人，終因寡不敵眾，力竭而降，武帝怒而誅其全家。李陵居匈奴二十餘年後去世。

釋評

人處在危險境地的時候，內心惶恐不安，這個時候如果旁人加以指責，容易刺激他們走向極端，特別是被信任的長官或親友責備時，會更容易讓他們內心崩潰，畢竟沒有人願意讓自己身處險境，而這個時候他們往往會做出意料之外的事情。所以，對於身處險境的人，應該加以安撫，站在他們的立場考量，而不要只以自己的立場來抨擊他們，否則容易使他們對自己失去信心，這樣就失去了一個可用的人才。

以李陵的例子來看，他算是一個忠君愛國的將領，只帶領五千人就前往匈奴作戰，在沒有援兵的情形下，他也只能投降匈奴。其實他的內心是非常痛苦掙扎的，也並非眞心想要投效匈奴，只是礙於形勢所迫，但漢武帝卻因此而怨恨他，漢朝大臣也紛紛指責他，只有司馬遷爲他說話。漢武帝最大的錯誤，就是在聽說李陵替匈奴訓練軍隊以抵禦漢軍時，不查證消息的眞僞，即將李陵的家人全部處死，這對於遠在千里，身處敵營的李陵來說，無疑是沉重的打擊。他雖然痛恨李緒，但他心中更怨恨漢武帝，他爲漢朝出生入死，最後換來的是全家被處死的下場。這就是爲甚麼當好友任立政前往匈奴，想要勸他回漢朝時，李陵表示對漢朝徹底失望，而拒絕回返。如果當時漢武帝能稍微忍住怒氣，查明事情的眞相，那麼漢朝就不會失去一個既忠心又有才幹的將領了。

名人佳句

躬自厚而薄責於人，則遠怨矣。

這句話是孔子所說，出自《論語．衛靈公》，意思是說：「能反躬自省少責怪他人，就能遠離怨恨。」一般人都會嚴加苛責做錯事的人，卻甚少反省自己是否有做錯的地方。尤其是對於那些因為犯錯而置身險地的人，只是一味的被究責，對其而言無疑是重大的打擊，他們很有可能因此惱羞成怒，做出不可挽回的錯事。所以在苛責對方之前，若能先檢討自己，告訴對方自己的缺點，並且安撫對方的情緒，就能把傷害降到最低。

度心術

原文

無信者疑，人休蔽之。

譯文

不守信的人心存懷疑，別人不要蒙蔽他。

事典

多疑的李存勗

李存勗是五代時期後唐的開國皇帝，他的父親是唐朝末年河東節度使李克用，等到李克用死後，李存勗承襲爵位為晉王。

同一時期，原是盜匪的朱簡從軍後，建立許多功勳，因而受到梁太祖朱溫的賞識，就賜名為朱友謙，把他當作親生兒子看待，朱友謙也盡心為他效命，建立不少功勞。後來朱友珪將他的父親朱溫殺了，自己假傳皇帝詔書，登基稱帝。朱友謙對他心懷不滿，表面上仍遵奉他的命令。朱友珪徵召他，朱友謙以北人突襲爲藉口不奉召，他私底下曾對人說：「朱友珪只不過是先帝的義子，膽敢做大逆不道弒君的事情，我身爲一方統帥，先帝待我恩情更甚於父子，論功勳德行，我哪裡比他遜色，豈能屈身在這種叛逆小人的手下。」朱友珪對於他不遵從自己的命令很不高興，懷疑他有反叛之心，就派大將牛存節等人前往攻打朱友謙。朱友謙向李存勗求援，李存勗親自帶兵前往援救。朱友謙感激李存勗帶兵來救，於是就歸順於他，兩人一見如故，李存勗待他甚爲親厚。

次年，朱溫四子朱友貞殺了朱有珪即位，是爲梁末帝，朱友謙又歸順梁，向梁自請爲藩臣，但仍保持與李存勗的往來。天佑十七年，朱友謙以兒子朱德令爲統帥攻打同州，並向梁帝請求兼任同州節度使，梁帝不答應，他又向李存勗要求，李存勗派幕僚王正言給他任命。梁帝就派兵攻打朱友謙。朱友謙另一個兒子朱令錫勸父親說：「如今城內糧食缺乏，雖然晉王待我們推心置腹，但畢竟路途遙遠，情況緊急，等怕等不到援兵來救，不如我們先假意向梁投誠，等到梁軍退兵後，我們再與晉王和好。」朱友謙搖頭說：「不可，晉王爲人猜疑，我們如果這麼做就等同欺騙他，以後他若是知道了，還能像以前那樣信任我們嗎？況且，從前朱友珪派兵攻打我的時候，是晉王救我於危難之中，我與他有過盟約，怎麼能夠貪生怕死而背棄盟約呢？晉王聽前不久聽說我被困情況危急，就派士兵連夜趕來，資助糧食衣物，我卻反覆無常，暗中投效敵人，這麼做與那些背信棄義的小人有何分別？」

朱友謙堅持等候李存勗的援兵，幸好救援及時，最後擊潰梁軍，李存勗滅了後梁之後，建立後唐，登基為帝，厚賞朱友謙，任命他為太師、尚書令，加封食邑一萬八千戶。過了三年，收他為義子，賜名李繼麟，又賜與他可以免除死罪的鐵卷，表示無上的恩寵。

李存勗晚年耽於享樂，逐漸懈怠政務，宦官與樂官干預國事。這時各州郡長官行使賄賂風氣盛行，有人向李繼麟索要財物，剛開始李繼麟盡力滿足他，但他索求無度，李繼麟逐漸吃不消，就說：「河中地方貧瘠，百姓稀少，難以置辦豐厚的餽贈。」很多小人都因此怨恨他，羅織罪狀誣陷他。李存勗派遣侍中郭崇韜，攻滅前蜀。郭崇韜向河中徵調軍隊，李繼麟沒有親自前往，只派了兒子令德率軍前往，樂官景進就在李存勗面前誣陷他說：「昨天朝廷的軍隊才剛開始行動，向李繼麟徵調軍隊，他以為是要討伐自己，故意違抗朝廷的命令，如果不除掉此人，以後國家有難，必定成為禍患。」景進的同黨，也向李存勗構陷說李繼麟，說：「李繼麟仰仗陛下對他的恩寵，違背朝廷的調令，這無疑是藐視陛下，如果放任不管，將來恐怕他會出兵謀反。」

李存勗一向對臣子多加猜疑，他聽了這話雖然沒有即刻下令治李繼麟的罪，心中對他的忠誠已有懷疑。郭崇韜得罪宦官，宦官就在李存勗面前進讒言，李存勗懷疑他的忠誠，但並未下決心殺他，後來郭崇韜被劉皇后所殺。郭崇韜死後，宦官的權勢更大，就明目張膽的編織罪狀構陷李繼麟，說他與郭崇韜密謀造反。李繼麟聽說這件事後，心中很憂慮恐懼，就對部將說：「陛下雖然對我恩寵有加，然而他現在聽信宦官的言詞，加上他生信多疑，連郭崇韜這樣的忠臣他都懷疑，現在聽到這樣的謠言，恐怕會信以為眞，我要進京當面申訴。」部將回答說：「王對國家有大功勞，況且此地靠近京城，那些小人的言論哪裡值得放在心上。王只需安心的處理好本份的事務，至於那些流言蜚語自然就會消失，不可輕易離開。」

李繼麟說：「郭崇韜的功勞比我更大，他都能因為宦官構陷他而被陛下懷疑，更何況是我。我聽說生性多疑的人，不能夠說謊騙他，否則他的疑心會更重，現在那些宦官明顯在蒙蔽陛下，我如果放任不理會的話，陛下只會更加猜疑我。我要進京面見天子，陳述自己的心志，那麼散布流言的人就能獲罪了。」李繼麟離開河中，入京朝見，還沒見到天子，宦官就對李存勗說：「河中有人前來，要告發李繼麟和郭崇韜謀反，李繼麟得知郭崇韜死訊，又和郭的女婿李存乂勾結叛亂，陛下如果再不有所決斷，將來倒楣遭殃的就是陛下您啊！」一眾宦官都異口同聲，原本李存勗就有些疑心李繼麟，於是就下令除掉他，將他生擒，在安徽門外處死，恢復原本姓名朱友謙。同時命人除掉他的兩個兒子，並下令誅殺他全家。

行刑前，朱友謙的妻子張氏拿著皇上親賜的鐵卷，交給主持行刑的將領夏魯奇說：「這是皇帝親賜的，請問這上面寫的是甚麼？」夏魯奇嘆氣說：「這是免死金牌，但現在已經不管用了。」旁邊的人暗自議論說：「以前朱友謙建立軍功的時候，皇帝很寵信他，兩人訂有盟約，皇帝更是將鐵卷賜給他以做防身之用，如今皇帝卻聽信小人的讒言，認為他想要謀反，就背叛以前的盟約，將他處死。真是反覆無常，背信棄義的小人啊！」即使有了皇帝欽賜的鐵卷，朱友謙的家眷仍逃不了被滅族的不幸命運。

人物

朱友謙，生於西元九世紀，卒於西元九二六年，本名朱簡，五代十國後梁皇族，梁太祖朱溫收爲義子，賜名朱友謙。朱友珪即位後要殺他，朱友謙就歸順晉王李存勗，李存勗開創後唐，登基爲帝是爲莊宗，收他爲義子，賜名李繼麟，後受莊宗猜忌，被滅族，又被改回原來的姓名朱友謙。

釋評

不守信義的人自身品德有虧損，所以對別人也不信任，聽到一點風聲就懷疑下屬的忠誠，這時如果下屬再惡意欺騙隱瞞，只會讓在上位者更加猜疑、不信任，所以要對他坦言相告，以消除他的疑慮。

李存勗就是一個生性多疑的君主，因爲宦官的構陷，就懷疑李繼麟的忠誠，也不加以查證，不給予他辯白澄清的機會，就下旨將他殺掉，無疑是自己剷除國家的人才。所以，領導者不該對下屬過度猜疑，應該給予他們相當的信任，至少在聽到指責他們的話時，不要先入爲主的相信，應該客觀查證後再下判斷，這樣才不會因爲自己的疑心過重而損失可用人才。

名人佳句

疑則勿用，用則勿疑。

這句話出自宋朝陳亮《論開誠之道》，意思是說：「懷疑一個人的忠誠就不要任用他，既然任用了就不要懷疑他的忠誠。」對於領導者來說，應當給予下屬絕對的信任，如果他做的每件事都要懷疑他的用心與忠誠，甚至派人去監視他，那麼下屬也不會對領導者交付真心。倘若領導者只知一味的責備下屬，懷疑下屬的忠誠，只會令他們灰心失望，甚至轉而投效他人，這對於領導者來說無疑是一種損失。領導者也應該明察秋毫，放下對下屬不必要的猜疑，即便小人構陷他，也要先查清楚事情的真相再做決定，不可只聽信片面之詞就採取行動，否則將會失去人心。

度心術

原文

詭不惑聖，其心靜焉。

譯文

陰謀詭詐不能迷惑聖人，因爲聖人的心不會被名利權勢所蒙蔽。

事典

不欺詐的柳下惠

柳下惠是春秋時代魯國人，是個品德高尚的聖人。

有一次，齊國攻打魯國，魯君對此感到很苦惱，召見宰相，問他說：「現在要怎麼辦呢？」宰相回答說：「柳下惠這個人年少的時候聰穎好學，長大後足智多謀，主君不妨召見他，派他出使齊國，代表魯國前去談判。」魯君說：「柳下惠只是一個平民百姓，派他出使齊國眞的能讓齊國退兵，解決問題嗎？」宰相說：「齊侯爲人奸詐狡猾，柳下惠是個仁德君子，臣聽說任何的陰謀不能迷惑君子，主君可以派他前往試試看，就算不能勸齊國退兵，至少可以替魯國爭取時間，讓我們有時間抵禦齊國的入侵。」

魯君半信半疑，召見柳下惠。魯君對他說：「現在魯國正處在生死存亡的時刻，寡人見到先生猶如久旱逢甘霖一般，希望先生能代表魯國出使齊國，說服齊侯退兵，拯救魯國的百姓於水火之中。」柳下惠說：「好。」他就前往拜見齊侯。齊侯嘲笑的問：「齊國大軍攻打魯國，魯君應該很惶恐害怕吧？」柳下惠說：「臣的主君並不憂慮害怕。」齊侯突然發怒說：「我遙望魯國城池已經被戰火破壞，殘破不堪，百姓人心惶惶，慌張的砍樹拯救城牆，我看魯君的心情也和魯國百姓一樣。你說不害怕，這難道是騙我嗎？」柳下惠說：「臣之所以說魯君不害怕，是因爲魯國信守仁義。魯國與齊國本來都是周朝的子民，周天子將魯國的祖先分封在魯地，而你的祖先分封在齊地，雙方先祖曾有約定，後代子孫不會互相攻打。現在你爲了一己私利就違背先祖的盟約，背信棄義的攻打魯國，這樣的行爲與卑鄙小人有何差別？這樣的事情若是被齊國的百姓知道了，恐怕他們都會以有您這樣的主君而感到羞恥，既然您都不怕被您的子民所恥笑，臣的主君又何懼之有？」齊侯聽了感到很慚愧，就退兵三百里。

人物

柳下惠，本名展禽。春秋時魯國大夫。生卒年不詳。因食邑封於柳下，謚號惠，故稱爲「柳下惠」。柳下惠在魯國擔任官職，三次被貶黜，但他仍忠心爲國，不肯改投效他國。

釋評

所謂聖人，就是能將仁義道德在生命中實踐出來的人，這樣的仁德君子往往把名利權勢看得很淡，因爲他們沒有私欲，不注重物質享受，也不會想要爭權奪利，無論貧窮或富貴，他們都能淡然處之。這樣的人，即使以金錢、權位去利誘他，他的心也不會起半點波瀾，因爲他們不認爲金錢與權力是寶貴的東西，自然也不會把它們當成追求的目標。聖人能夠做到不受名利權勢的引誘，而讓心保持平靜，這便是「靜」。聖人無欲無求，任何陰謀詭詐在他面前都施展不出來，因爲聖人沒有欲望野心，也就沒有弱點，陰謀詭計在他面前就不攻自破。

名人佳句

聖人以心導耳目，小人以耳目導心。

這句話是出自漢代劉向編纂的《說苑．談叢》，意思是說：「聖人用心來指引耳目，小人用耳目來指引心。」聖人能夠修身養性，心不會被耳目感官知覺牽引出去，看到好看的東西，不會想要據為己用；聽到好聽的聲音，不會一味地想要去追求。因此心不會被私欲所蒙蔽，任何陰謀詭詐都不能迷惑聖人，因為陰謀詭詐是抓住人性貪婪弱點而設下的圈套，當一個人無欲無求時，自然也不會中敵人的圈套。小人的心完全被私欲蒙蔽，所以在看到美的東西時，心就不由自主的受其牽引，想要去追求它，以滿足心中的私欲。所以，小人往往會中了敵人所設下的陷阱，因為貪得無厭，全身上下都是弱點，往往落得身敗名裂的下場。

度心術

原文

正不屈敵，其意譎焉。

譯文

正直不能使敵人屈服，因爲敵人心存欺騙。

事典

藺相如完璧歸趙

藺相如是戰國時期趙國大臣。趙惠文王在位時，得到一塊價值連城的稀世珍寶和氏璧。秦昭王聽說此事，也想要得到這稀世珍寶，就派遣使者送一封書信給趙王，願意用十五座城池交換和氏璧。

趙王和廉頗等將軍大臣商議此事。有大臣說：「現在情勢秦國強盛，趙國弱小，我們若是奉上和氏璧，秦國恐怕不會信守承諾割讓城池，秦國的欺騙之心昭然若揭；若是不給，恐怕秦軍就要兵臨城下了。」眾人七嘴八舌商議半天，也沒有想到甚麼適合的人選。宦官令繆賢說：「臣的門客藺相如可以出使秦國。」惠文王問：「他做過甚麼事情，讓你覺得他能擔此重任？」繆賢回答：「臣曾經犯了過錯，要想要逃走投奔燕國，是藺相如制止臣，分析利害，他說趙強燕弱，如果前往投奔，燕國必定怕得罪趙國而不敢收留臣，建議臣負荊請罪，或許可以脫罪。臣照做了，大王也赦免了臣。臣認爲藺相如此人有勇有謀，可以放心將出使秦國的任務交給他。」惠文王就召見藺相如，問他說：「秦王要拿十五座城池換寡人的和氏璧，這項交易可以做嗎？」藺相如說：「兩國實力相差懸殊，秦國強大而照國弱小，不可以不答允。」惠文王問：「他如果得到了和氏璧，卻不信守承諾割讓城池，那該怎麼辦呢？」藺相如說：「秦國用城池作爲交換求取和氏璧，若我們不給，是趙國理虧。趙國獻出和氏璧而秦國不信守承諾割讓城池給趙國，這是秦國理虧。這兩個選擇相比，當然是寧願讓秦國理虧囉！」惠文王問：「那依先生之見，應當派誰前往秦國才適合呢？」藺相如說：「大王一定沒有合適的人選，臣願意帶著和氏璧出使秦國。若是秦國信守承諾，把城池割讓給趙國，那麼和氏璧就留下秦國；如果秦國反悔不割讓城池，那麼臣就會將和氏璧完整無缺的帶回來，請大王放心。」惠文王聽了很高興，就放心的把和氏璧交給藺相如，前往秦國。

秦王接見藺相如，藺相如把和氏璧獻給秦王。秦王看到很高興，傳給身邊的美人與左右侍從觀看，半句話都沒提到割讓城池的事情。藺相如見秦王有意毀約，就上前說：「和氏璧上有一點瑕疵，請讓臣指給大王看。」秦王就將和氏璧給他，藺相如拿到和氏璧就憤怒的靠著柱子站立，對秦王說：「想不到秦國泱泱大國，居然不信守承諾，說要以十五座城池交換和氏璧，現在和氏璧已經呈上，大王卻對城池之事隻字未提，還傳給美人觀看，來戲弄臣。臣以為平民百姓相交都還不會互相欺騙，更何況是像秦國這樣的大國呢！既然大王無意守諾，臣就將和氏璧取回。如果大王要以此事怪罪臣，那麼臣寧可抱著和氏璧撞柱，一起摔個粉碎。」藺相如拿著和氏璧偷瞄柱子，要將它朝柱子扔過去。秦王怕他一時情緒激動，把和氏璧打碎，就答應要將十五座城池割給趙國。藺相如知道秦王一向慣用欺騙手段，故意說：「趙王為了表達對秦國的恭敬，獻出和氏璧時，齋戒沐浴五天，現在請大王也齋戒沐浴五天，臣才敢獻上和氏璧。」秦王見他態度堅決，不能強硬奪取，就答應他的要求。藺相如知道秦王齋戒只不過是敷衍他，根本無心割讓城池，他就讓隨侍的人，換上褐色的衣服，把和氏璧藏在懷中，從小路逃走，將和氏璧完整無缺的帶回趙國。

五天後，藺相如面見秦王，秦王要求他獻上和氏璧，藺相如回答說：「臣已經派人將和氏璧送回趙國了。」秦王大怒，罵他說：「寡人已經按照你的要求齋戒五日，你為何不守信用，將和氏璧偷偷送回？」藺相如說：「面對心存欺騙、奸詐狡猾的敵人，又何必遵守信諾？難道臣守信，大王就不會違約嗎？大王要是一開始就信守承諾，割讓十五座城池給趙國，臣一定會將和氏璧留下。可是大王明顯想要反悔，那麼臣自然也要將和氏璧送回趙國。臣知道臣欺瞞大王，犯下的罪孽應當處死，臣請就戮，並無怨言。」秦王只是笑了笑，沒有追究他的罪責，左右的人問秦王爲何不殺藺相如，秦王說：「現在殺了藺相如，也無法得到和氏璧，反而斷絕秦趙兩國的情誼，不如厚待他，讓他回歸趙國。」

藺相如回到趙國以後，惠文王覺得他不辱使命，是個人才，就封他爲上大夫。

人物

藺相如，戰國時代趙國人，生卒年不詳。趙惠王在位時，獲得一塊和氏璧。秦昭襄王要用十五座城池來做交換。趙王派藺相如帶著和氏璧出使秦國，他見秦王無償城的誠意，就把和氏璧帶回趙國。後來藺相如封爲上卿，卻被廉頗輕視，他諸多忍讓，廉頗感到慚愧，遂負荊請罪，兩人成爲知交。

釋評

面對不同的敵人，應當採取不同的應對方針。對於那些心存欺騙、陰險狡詐的敵人，就不應當採取正當的方法，也應該以欺騙的手段回敬，如此才能徹底的制服敵人，否則就只有吃虧上當的份。

藺相如是個機智的人，一眼就能看出秦王是個言而無信的人，所以他也以欺騙的手段回敬，這才替趙國保住了和氏璧。

名人佳句

凡此皆出奇制勝，所謂兵不厭詐，非小儒所能知也。

這句話是清代陸以湉說的，出自《冷廬雜識．王文成公用兵》，意思是說：「以對方難以預料的計謀取得勝利，這就是所謂的和敵人交戰時，為了取得勝利，可以不擇手段，這等謀略不是見識淺薄的讀書人能夠了解的。」在戰場上作戰時，為了取得勝利，不能只用正當的手段，這樣會吃大虧，因為敵人為了取勝，一定會使用欺詐的手段，所以為了取得勝利，可以使用任何手段，如此才能出其不意，取得先機。

原文

誠不悅人，其神媚焉。

譯文

誠實無法取悅別人，人都喜歡受到他人的讚揚。

事典

依靠諂媚升官的嚴嵩

嚴嵩是明朝大臣，他比夏言先中進士，官位卻在夏言之下。他剛開始踏入仕途的時候，夏言的官位已經在他之上，擔任禮部尚書的職務。嚴嵩見夏言能得到皇帝的寵信，就拚命討好巴結他。嚴嵩擺設酒宴，親自到夏言的府邸邀請他赴宴，夏言的親信對他說：「嚴嵩這個人沒有才幹，只會逢迎拍馬，他現在討好你，是希望你能在皇帝面前美言，讓他能獲得更高的權位，獲得利益。這樣的人不值得深交，你千萬不要被他騙了。」夏言聽了他的話，就拒絕接見嚴嵩。嚴嵩就在門口鋪設蓆子，跪著誦讀他要陳述的文書。夏言見了覺得很感動，就對親信說：「嚴嵩沒有因爲我故意冷落他就回去，反而跪在這裡誦讀，他這副誠心的樣子不像是裝出來的，我覺得他是心甘情願當我的下屬侍奉我，而非是把我當成升官的跳板，若繼續冷落他，倒顯得我小氣無法虛心接納別人了。」從此之後，夏言就很信任嚴嵩，甚至到了推心置腹的程度。

此時的皇帝明世宗信奉道教，還自己做了道士戴的香葉帽，並賞賜了一頂給夏言，夏言討厭怪力亂神，並不想戴，他對親信說：「身爲一國之君，卻沉迷於道教，還將這種東西賞賜給我，我要向皇帝進言，以後不要聽信道士的讒言，以免損害國本。」親信對他說：「你如果這麼做了，一定會惹怒皇帝，喜歡聽好聽的話，是人的本性，皇上信奉道教，你卻批評道士，這豈不是潑皇上冷水，千萬不要這麼做。」夏言說：「身爲臣子肩負勸諫皇帝的責任，我豈能坐視不理。」夏言拒絕接受皇帝的賞賜，這讓皇帝非常生氣，就轉將香葉帽賜給嚴嵩。嚴嵩就在皇帝召見他時戴著覲見，皇帝看見了就很高興，從此之後更加親近他。夏言進入內閣，皇帝就命嚴嵩掌管吏部的事務。

有一次，明世宗想把自己的親生父親配祀明堂（前任皇帝武宗無子，選旁系宗親世宗繼位），稱宗進入太廟，以媲美先帝。這麼做並不合禮制，嚴嵩與一眾大臣想要勸諫阻止，皇帝知道後很不高興，寫了《明堂或問》警告諸位大臣。嚴嵩覺得惶恐不安，於是就推翻之前的說法，還將禮儀規劃得十分完備，祭祀完成後，皇帝很高興，重賞嚴嵩。從此之後，嚴嵩更加諂媚皇帝，因而得到皇帝的重用。有人問他說：「大人，您升官如此迅速，是有甚麼秘訣嗎？」嚴嵩回答說：「其實也沒有甚麼訣竅，就是說皇上想要聽的話，不要忤逆他的意思，這樣就能得到皇上的信任，加官晉爵，指日可待了。沒有人喜歡聽到別人指責自己，人都喜歡被稱讚，只要抓住人的心理，就能獲得他們的喜歡。」這就是嚴嵩官場的生存之道，儘管很多人認都不認同，覺得他是只會諂媚皇帝的小人，不過他的確也透過諂媚皇帝而獲得了更高的官職。

人物

嚴嵩，字惟中，號介溪，生於西元一四八一年，卒於西元一五六八年，明代江西分宜人。世宗在位時爲宰相，獨攬大權，貪汙收賄，排除異己，事跡敗露後被彈劾罷免官職。嚴嵩善長書法，詩文尤工，著有《鈐山堂集》。

釋評

喜歡被讚美是人之常情，了解人的這種心理，想要討別人的歡心並不困難，但若不是眞心讚美他人，而是爲了取悅別人才故意讚揚，那麼就等同欺騙了。諂媚他人雖然能討別人歡心，藉以獲得利益，謊言一旦被拆穿，將受到對方的厭惡，所以要謹愼使用。

並非是每個人都能把諂媚他人做得很自然，就像是眞心讚揚一樣。就像嚴嵩，他雖然在歷史上是個佞臣，本身沒有甚麼才幹，卻很懂得討皇帝的歡心，皇帝討厭的事情他絕對不去做，皇帝喜歡的事情，他盡心竭力的去配合，所以他才能加官晉爵，得到更高的權勢地位。

名人佳句

恭維一件事，在施者是違心，在受者是有愧。

這句話是摘錄自中國現代詩詩人劉半農〈《瓦釜集》代自序〉，意思是說：「恭維一件事，對於說話的人來講是違心之言，對於聽的人來說是受之有愧。」人都喜歡聽讚美的言辭，但對於有自知之明的人來說，過份讚揚的溢美之辭，就顯得虛假了，說話的人一定不是出自於本心，而對於受恭維、讚美的人來說，也是受之有愧。所以，諂媚、討好的話，並不是人人都愛聽的。要討人歡心，也要看對象，有些喜歡誠懇的人，就討厭別人說違心之言，若是一味只知逢迎拍馬，而不會看對象，那麼將會適得其反。

原文

自欺少憂，醒而愁劇也。人欺不怒，忿而再失矣。

譯文

自我欺騙固然可以減少憂慮，但清醒之後只會使憂愁加深。被人欺騙而不發怒，憤怒只會令自己失去更多。

事典

堅持主戰的岳飛

岳飛是宋朝人，靖康之難事件之後，北宋滅亡，南宋高宗即位。朝廷大臣分成兩派，一派主張和金人開戰，代表大臣岳飛；一派主張和金人議和，代表大臣秦檜。

紹興四年（西元一一三四年），高宗派岳飛北伐，收復了南宋失去的襄陽府鎮撫使李橫的轄地，以及唐州和信陽軍，已有些許成效。

隔年，岳飛派遣梁興等人到兩河地區招納當地的英雄豪傑，許多英雄豪傑見到岳家軍的旗號都紛紛自願前來歸附。金國軍隊的一舉一動，以及金國境內的山川險要地區，全都瞭如指掌。各州府全都約定好日期同時起兵，和南宋的軍隊會合，他們打著岳字的旗號，紛紛響應，地方父老也自願供給軍隊所需的糧食補給。燕州以南，沒有軍隊願意聽從金朝的命令。金朝元帥左都監完顏兀朮想要強迫成年男子從軍以抵抗岳飛所率領的軍隊，整個河北地區沒有一個人願意服從。完顏兀朮感嘆說：「自從我朝興起於北方，還從未遇到今天這樣的事情。」金朝許多將領，私底下都秘密約定，等到岳家軍到來的時候就一起投降。梁興會合太行山忠義民兵和兩河地區的英雄豪傑，和金朝軍隊多次交戰都獲勝。岳飛上奏給高宗說：「梁興等人率領軍隊渡過黃河，當地百姓都願歸附朝廷。金軍接二連三的打敗仗，完顏兀朮命人民往北方遷徙，看來收復被金朝佔領的國土指日可待了。」

完顏兀朮和秦檜私底下有書信往來，他要秦檜促成金國與南宋議和，高宗在秦檜的遊說下想要與金人議和，就暗示大臣奏請高宗命令岳飛班師回朝。岳飛上奏說：「金人士氣低落，放棄全部錙重，渡過黃河北逃，兩河地區的豪傑紛紛響應，我方的軍隊士氣大振，願意拚死效命於朝廷，這樣機會非常難得，失去了就再也得不到。」秦檜知道岳飛北伐的心意堅定，於是請求高宗下令讓岳飛班師回朝，一天之內連下十二道金字牌，岳飛憤恨不甘，流著淚說：「皇上與滿朝文武都被秦檜給欺騙，才會想要和金人議和，只有我看清局勢，所以才會更加的痛苦。我耗費十年的努力，眼看勝利在望，皇上卻被小人蒙蔽，要我班師回朝，以前的努力全都白費了。」

岳飛只好率軍南撤，民眾攔路向他哭訴說：「我們準備好糧草迎接宋朝的軍隊，這些金人都知道，現在將軍一走，我們在此也都沒了生路。」岳飛也難過的哭泣，並取皇帝的詔書給他們看，說：「我也沒有辦法啊！皇帝詔命已下，我必須要撤兵，不能留在這裡。皇帝上和滿朝文武全都自欺欺人，認爲和金人議和才是最好的選擇，所以他們並不會感到憂慮，只有我們這些清醒的人，才會感到痛苦啊！」岳飛停留五天，等待百姓遷離，跟隨他遷移到南方去的民眾非常多。

岳飛回朝之後，受到秦檜的陷害，被高宗殺害。高宗與金人簽訂議和協議，達成《紹興和議》。紹興三十一年（西元一一六一年），《紹興和議》被金朝皇帝完顏亮撕毀，金兵再次南侵。高宗得知此事後，非常後悔當初聽信秦檜的主張和金人議和，說：「先前以爲金人會遵守議和協議，豈能料到這根本就是自欺欺人的做法，金人根本就從沒放棄過要南侵，現在朕省悟過來卻是悔之已晚。只恨朕誤信秦檜這等小人之言，殺害岳飛這樣的忠臣，如果當初聽岳飛的話堅持主戰，事情也不會到了這樣的地步。」最後宋軍全力抵抗，才得以擊退金兵。

人物

岳飛，字鵬舉，生於西元一一〇三年，卒於一一四一年，宋代相州湯陰（今中國河南省安陽市湯陰縣）人。抗金名將，歷經大小百次戰役，高宗欽賜「精忠岳飛」四字。岳飛率領岳家軍，屢破金兵，累官至太尉，授少保兼河南北諸路招討使。岳飛正要率領部眾北伐金國，宰相秦檜大力倡導議和，一日之內連下十二道金字牌，將他召還，羅織罪狀構陷岳飛，被高宗所殺。孝宗時替岳飛平反，下詔恢復官職，謚武穆，寧宗時追封爲鄂王，改謚忠武，著有《岳武穆集》。

釋評

人在遇到挫折的時候，往往都會選擇自欺欺人來減少自責，而看清眞相不願被假象蒙蔽的人，會比欺騙自己的人更加的痛苦。自我欺騙固然能讓自己好受一點，可是對於局勢發展並沒有任何幫助，等到一朝省悟，就會爲之前的所做所爲感到後悔，卻已經追悔莫及。

人在受到欺騙時，難免會感到很憤怒，怨恨那些欺騙自己的人，但是靜下心來想一想，如果在事情發生的時候能夠看清楚局勢眞相，即便別人有心蒙騙，也無從下手。而意識到遭受欺騙的時候，更需要保持冷靜，想對策來解決眼前的困局，若是只知遷怒於他人，不但解決不了問題，只會讓眼前形勢更糟，恐怕會造成無法挽回的損失。

名人佳句

欺人亦是自欺，此又是自欺之甚者。

這句話是宋代朱熹說的，摘錄自《朱子語類》，意思是說：「欺騙他人也是欺騙自己，這又是比自我欺騙更加嚴重的情況。」人有時候為了達到某種目的，明知道是錯誤的事情，卻欺騙自己是正確的，又拿這樣的看法去欺騙別人，這就是所謂的自欺欺人。當謊言被拆穿之後，信用也隨之破產，而且自我欺騙並不能改變真相，即使當時心裡覺得舒服，但當真相被揭露時，反而會更加的痛苦。

縱心卷

國盛勢衰，縱其強損焉。人貴勢弱，驕其志折焉。

功高者抑其權，不抑其位。名顯者重其德，不重其名。敗寇者縱之遠，不縱之近。

君子勿拘，其心無拘也。小人縱欲，其心惟欲也。

利己縱之，利人束之，莫以情易耳。

心可縱，言勿濫也。行可偏，名固正也。

原文

國盛勢衰，縱其強損焉。

譯文

國力強盛也會逐漸衰弱，放縱它的強大會損害它自身。

事典

看清形勢的陳嬰

秦朝末年，秦二世昏庸無道，群雄紛紛起兵抗秦。陳嬰是東陽令史，性情誠信恭謹，被稱爲有德行的人。東陽有位少年，不滿秦朝的暴政，聚集幾千人發動攻擊，殺了東陽縣令，因爲群龍無首，大家都推舉陳嬰來統領大家。陳嬰推辭說：「在下無才無德，恐怕無法擔此重任。」眾人不顧陳嬰的推辭，依然遵奉他爲首領，東陽縣中跟隨他的有二萬人。眾人要求他就地稱王，並讓士兵們用青色的頭巾包頭，表示他們和其他的起義軍不同。陳嬰的母親就勸他說：「自從我嫁到你們陳家，沒有聽說過你們家的祖先是顯貴之人。現在突然名聲顯赫，實在是不祥之兆，不如依附在別人之下，這樣若是成功推翻秦朝，可以封侯；若是不幸失敗，也方便逃亡。」

陳嬰聽從母親的話，沒有自立爲王，他對手底下的軍官們說：「項氏一族是楚國將門的後代。在秦國統一六國之前，秦國國力強盛，楚國國力逐漸衰弱，這才被秦國滅亡。如今，情勢完全反轉過來，橫徵暴斂，百姓苦不堪言，各地英勇的將士們紛紛起來對抗秦國，秦國的國力已經由當初的強盛，走向如今的衰弱。秦朝的氣數已盡，楚國雖然滅亡，但他們的子孫還活著，如果說要擁戴誰爲首領，領導大家推翻秦朝的暴政，我認爲沒有比項氏子孫更合適了。」

一位軍官說：「大人謙虛了，您雖然家世背景不如項氏強大，但在地方上也頗有名望，您若稱王，大家也是願意效忠追隨的。」陳嬰搖頭說：「項氏是將門之後，他們承繼先祖的文韜武略，而且又是楚國的後代，更有口號說：『楚雖三戶，亡秦必楚。』由此可見楚國的遺民非常痛恨秦朝，想要消滅他們的決心也絕非其他人所能取代，我認爲沒有比他們更加合適擔任統帥的人選了。」眾人覺得陳嬰的話很有道理，於是接納他的意見，就投效在項梁的麾下。

最後，秦朝終於被各路群雄給消滅，昔日一統六國的秦始皇，建立了強大的秦朝，最終也被百姓推翻，徹底滅亡了。

人物

陳嬰，生年不詳，卒於西元前一八三年，秦末漢初人。東陽縣（今安徽省天長縣）令史。原先投入項梁麾下，項梁擁立熊心爲楚懷王，陳嬰擔任上柱國。項羽死後陳嬰歸降漢高祖劉邦，立下戰功。漢高祖六年（西元前二〇一年）受封爲堂邑侯，封地六百户。謚安侯。

釋評

國家勢力再強大，也會有國力衰退的一天。統治者若只知自我放縱，貪圖享樂而不知爲百姓做事，那麼內憂外患很快就會四起，國力也會逐漸衰滅。因此，自我放縱是統治者的大忌，身處高位更要時刻警惕，不可掉以輕心，如果只顧自己的享樂，卻嚴苛賦稅、魚肉百姓，很快地就會失去民心，等到國家滅亡的那一天，再後悔就已經來不及了。從另一個觀點來看，如果想要削減一個國家的國力，就要鼓勵統治者盡量貪圖享樂，而鬆懈政務，這樣就能加速一個國家的滅亡。

秦始皇在統一六國之前，秦國的國力已經很強大，逐漸的呑併其他的諸侯國，最後建立大一統的帝國，即是秦朝。然而，秦始皇暴虐無道，二世胡亥即位後更是變本加厲，使得原本國力強大的秦朝，逐漸走向衰亡，秦朝末年，百姓不堪暴政凌虐，於是群雄四起，紛紛起義抗秦，最終被劉邦和項羽所率領的軍隊覆滅。

名人佳句

強自取柱，柔自取束。

這句話是戰國時代荀子所說，出自《荀子・王霸篇》，意思是說：「太過剛強容易折斷，太過柔弱容易被束縛。」正所謂：「物極必反。」世間上的萬事萬物皆是如此，國力的興衰亦然，每一個朝代的開創，都是接續著前一個朝代的衰敗。了解事物興衰的常態，就可以善加利用，可以做好防患於未然的準備，也可以成為權謀者手中的利器。

原文

人貴勢弱，驕其志折焉。

譯文

人的地位顯貴勢力就會減弱，因爲驕傲會使他的志氣折損。

事典

驕傲喪志的董卓

東漢末年，宦官當權，靈帝駕崩後，皇帝年幼，朝政由何太后與大將軍何進所把持，但宦官手中仍握有權力，他們以此干預朝政，引起天下人的不滿。何進與袁紹就想要趁機除掉宦官，但是何太后不同意。何進就私自召董卓帶兵入朝，想要脅迫太后同意誅殺宦官之事。董卓還沒到，何進已經被殺，袁術要討伐宦官燒了南宮，董卓看到火起，便領兵火速前進，前往迎接少帝。董卓帶來的兵馬雖只有三千人，但何進和他的弟弟何苗的軍隊都歸順於他，董卓的勢力逐漸壯大。他示意朝廷罷免司空劉弘，取代他的職位。並倚仗著自己擁有兵權，就脅持天子，說話朝中無人敢反駁，召集百官廢立皇帝，逼迫太后改立陳留王爲獻帝。

董卓升任太尉，手握兵權，獨攬朝政，權勢如日中天。他又放縱手下的士兵衝進帝王親族的家中，恣意搶奪財物，擄掠姦淫婦人女子，使得人心惶惶。董卓連宮女也不放過，隨意地霸佔宮女、姦汙公主，與他有仇的官員就被他施加殘酷的刑罰，弄得朝野怨聲載道，許多士人對他心懷不滿。張溫和司徒王允私下密謀，想要誅殺董卓。張溫對王允說：「董卓殘暴無道，若是不除掉，百姓們就沒有好日子過。」王允說：「要除掉董卓並非易事，現在朝政都由他說了算，四處都有他的耳目，況且他還有義子呂布驍勇善戰，又時常在他左右保護他，想要接近他都有困難，又談何殺他呢？」張溫說：「難道就任由他勢力坐大，囂張跋扈下去嗎？」王允說：「不但要讓他的勢力坐大，還要不斷的拍他馬屁，讓他驕傲自滿，他自然就會放鬆警惕，然後我們再趁機離間呂布和他的關係，等到呂布與他反目成仇，還愁找不到殺董卓的機會嗎？」張溫說：「司徒大人說的雖然有理，可是董卓多活一天，國家就沒有安寧的一日，我還是希望能盡早除掉他。」張溫沒有理會王允的勸告，他繼續密謀殺掉董卓的計畫，但還沒動手，就被董卓發現，張溫也被殺害。王允知道這個消息後，更加不敢輕舉妄動，謹慎行事。他經常送董卓禮物，獻給他許多美女，又時常在他面前歌功頌德一番，讓董卓對他放鬆警惕，暗中進行除掉董卓的計畫。

王允拉攏呂布，離間他與董卓的關係，呂布與董卓早有嫌隙，在王允一番挑唆之下，就答應與王允共謀除掉董卓。初平三年，皇帝的病剛痊癒，在皇宮裡宴請大臣，董卓也在受邀的大臣之列，他要乘坐馬車前往趕赴宴席，剛上車，馬就受到驚嚇，車身猛烈晃動，董卓不小心摔到泥地裡，他就回屋去重新換了件衣服。他的妾就對他說：「好端端的馬為何受到驚嚇？實在是太不吉利了，不如今日就不要前往赴宴。」董卓說：「只不過是小事，有何好大驚小怪，眞是婦人之見。」他不聽勸，執意要前往。

王允和士孫瑞秘密稟奏皇帝，羅列董卓的所有罪狀，皇帝下定決心要殺他，就讓士孫瑞寫下詔書交給呂布。呂布就率領十幾個刺客喬裝成董卓的護衛，在宮門口等候，董卓不疑有他，當董卓的馬車正要進入宮門時，馬又受到驚嚇不肯往前走，董卓覺得奇怪，想要打道回府。呂布勸他繼續前進，董卓這才稍微放下戒心，等他進入宮門之後，埋伏的勇士就衝出來刺殺他，董卓大喊：「呂布在哪裡？」呂布就說：「我奉皇帝的詔書要討伐亂臣賊子。」董卓大罵：「你不過是我養的一條狗，居然敢反咬主人？」呂布持戟刺殺董卓，左右的士兵也衝出來刺殺他，最後董卓不敵身亡。

人物

董卓，字仲穎，東漢末年臨洮（今甘肅省岷縣）人，生年不詳，卒於西元一九二年。桓帝在位時，官拜羽林郎；靈帝在位時，任職前將軍。靈帝駕崩後，何進為了逼迫何太后誅殺宦官，召董卓至京師，誅殺宦官，廢漢少帝劉辯為弘農王，改立劉協為漢獻帝，弒殺太后，自封為太尉、相國，淫亂凶殘。袁紹等人起兵討伐，後被呂布設計殺死。

釋評

本篇承上一篇而來，同樣都是闡述「物極必反」之理。即便是位高權重的大臣，若是因爲身處高位，權力很大就驕傲自滿，很容易就會得意忘形，逐漸疏於政務，沉溺於享樂之中，就會失於防範身邊的人。如果他以前樹敵眾多，所作所爲又不得民心，很快就會露出馬腳，而遭致禍患了。所以，想要扳倒權貴，無須與他正面硬碰硬，那樣吃虧的只會是自己，不妨對他阿諛奉承，讓他對自己逐漸失去戒心，屆時再來對付他就容易得多。

董卓是東漢末年的權貴，他仰仗著自己手中有軍隊，就任意廢立皇帝，干預朝政，引來朝中大臣的不滿。王允知道他氣焰正勝時不宜貿然與他爲敵，懂得對他阿諛奉承，讓他鬆懈戒心後，再挑唆呂布去誅殺他，最後終於成功除掉董卓。

名人佳句

滿招損，謙受益。

這句話出自先秦時代由孔子所編定的《尚書．大禹謨》，意思是說：「驕傲自滿容易招來禍患，謙虛則能得到更多的利益。」人往往在志得意滿的時候會做錯事情，因為他們覺得自己高人一等，沒有甚麼地方需要小心謹慎，錯誤往往在這種心態底下產生，因為驕傲會使人放鬆警惕與戒備，一旦粗心大意，就會做錯事情，而禍患也會在此時找上門。謙虛的人不會驕傲，儘管他們的才學已經登峰造極，還是會謙虛的待人，認為總有他不知道的事情，凡事虛心接受別人的指導，這樣的人往往可以學到很多東西，令自己受惠。

原文

功高者抑其權，不抑其位。

譯文

功勞高的人要削弱他的權力，而不要抑制他的地位。

事典

趙匡胤杯酒釋兵權

宋太祖趙匡胤即位後，南征北討，消滅了五代十國地方割據的局面，統一了中國。石守信、王審琦等人，都是跟隨他征戰四方的功臣，掌管禁衛軍。趙普數次向皇帝進言，說：「陛下已經統一天下，若是讓那些有功的臣子手握重兵，萬一他們想要起兵造反，陛下又該當如何？」趙匡胤說：「這些人都是跟隨我南征北討的功臣，朕相信他們的忠心，一定不會背叛我，你又有甚麼好擔憂的呢？」趙普說：「這些有功的將領對陛下的忠心日月可鑑，臣擔心的不是他們會謀反，而是他們麾下的士兵會慫恿他們謀反，這些人又不擅長管理統御，如果底下士兵伺機作亂，恐怕他們也難以鎮壓得住。」趙匡胤說：「你說的雖然有道理，但他們都是有功的臣子，如果貿然貶低他們的職位，恐怕會讓有功的將士們寒心。」

趙普說：「陛下只需要讓他們交出兵權，另外封賞他們便是。況且，自唐末以來，中國四分五裂，究其原因就是因爲藩鎮擁兵自重，只要讓那些有功的將領們交出兵權，就不用擔心他們會造反，陛下也就能夠高枕無憂了。」趙匡胤覺得趙普說的有道理，就按照他說的去做。

一天晚上，趙匡胤召石守信等人前來飲宴，對他們說：「如果不是因爲你們爲朕打天下，朕也無法坐上這個皇位。當天子也有自己的難處，還不如當一個節度使來得快樂，朕每到了晚上都無法安然入睡。」石守信等人就問：「陛下爲何晚上不能睡得安穩呢？」趙匡胤說：「此中緣由不難得知，皇帝的寶座誰不想坐呢？」石守信等人跪下叩拜說：「陛下爲何說這樣的話？陛下的皇位是上天授命，誰敢有貳心？」趙匡胤說：「朕知道你們的忠心，但你們的麾下未必如此想，他們若是爲了求取富貴，把黃袍加在你們的身上，到那時就算你們沒有竄權奪位的念頭，也由不得你們做主。」石守信就說：「是臣等愚昧，還請陛下指引一條生路。」趙匡胤說：「人生苦短，那些追求富貴的人，也不過就是想多存一點錢，讓自己能過上衣食無憂的日子，還能讓子孫也享福。你們爲什麼不交出兵權，駐守封地，買一些良田房屋，替子孫置辦產業，蓄養歌妓，終日飲酒作樂，頤養天年。這樣君臣之間也免去嫌疑和猜忌，大家都能安然度日，豈不是兩全其美嗎？」石守信等人說：「感謝陛下念及以往情份，臣等願意遵照陛下的意思去做。」第二天，石守信等人都自稱患病，要求卸去禁衛軍統領的職務，趙匡胤應允他們的要求。他封石守信爲天平節度使，高懷德爲歸德節度使，王審琦爲忠正節度使，張令鐸爲鎮寧節度使，趙彥徽爲武信節度使，讓他們各自回到駐守地區，賜給他們豐厚的賞賜，只有石守信職位沒有變動，但兵權已經不在他手裡了。

人物

趙匡胤，字元朗，宋朝開國君主，涿郡保塞縣（今河北省保定市清苑區）人。生於西元九二七年，卒於西元九七六年。後周時擔任殿前都點檢，領宋州歸德軍節度使，掌握兵權。西元九六〇年，北漢及契丹聯軍侵犯邊界，趙匡胤受命防禦。沒多久，大軍在陳橋驛（今河南省封丘縣陳橋鎮）發生政變，將士們擁戴趙匡胤爲皇帝，史稱「陳橋兵變」。趙匡胤班師回京，後周恭帝禪讓皇帝位，趙匡胤登基爲帝，建國號「宋」，是爲「宋太祖」。趙匡胤歷經多時的征戰，結束五代十國分崩離析，互相吞併的局面，一統中國。天下安定之後，施行薄徵賦稅，鼓勵農業生產，興辦學校等善政。在位十六年，廟號太祖。

釋評

對於封建時代的君主來說，臣下權力過大，對他們的君權是一個威脅，因爲大權一旦掌握在臣子的手中，君主的權力就被架空，而臣子隨時都會竄權奪位，所以歷代君主都很忌憚臣子權力過大。特別是對於那些有功勞的開國重臣，更是君主要特別提防的。

一統天下國家穩定之後，君主首先要做的就是要削弱這些功臣的權力。本篇這裡說的是要教導君主，削弱臣子權力的技巧，既要達到削弱他們權力的目的，又不能讓他們心懷怨恨，否則臣子就算沒有反叛之心，也會對君主心生怨懟，君臣之間的嫌隙就產生了。君主表面重賞有功之臣，依然維持他們原有的職位，卻暗中削弱他們的權力，讓他們的官職只是空有虛名，而無實權。

趙匡胤的杯酒釋兵權，是歷史上有名的削弱功臣兵權的例子。趙匡胤也和歷朝歷代所有皇帝一樣，擔心被臣子竄權奪位。他自己的皇位就是依靠下屬的叛變與擁戴而得來的，所以他也很擔心同樣的情況，會再次發生在這些功臣身上。爲了防止這樣的事情發生，就好言勸說他們交出兵權，仍授予他們高官厚祿，以安撫這些有功之臣。

名人佳句

人臣太貴，必易主位。

這句話出自戰國時代韓非所撰寫的《韓非子·愛臣》，意思是說：「人臣太過顯貴，會威脅到人主的權威，竄權奪位的事情就會發生了。」人主要適當的抑制臣下的權力，否則臣下權力過重，人主的權威就會蕩然無存，人臣就會竄權奪位。這就是為甚麼，歷朝歷代皇帝最忌諱臣子的權力過重，害怕他們想要造反，那麼皇位就會不保，所以抑制人臣的權力是領導統御中重要的一環。

度心術

原文

名顯者重其德，不重其名。

譯文

名聲顯赫的人重視他的德行，而不重視他的名聲。

事典

重視爲官者德行的史疾

先秦時代，史疾代表韓國出使楚國，楚王問他說：「你治國之道是依照哪個學派的理論呢？」史疾回答說：「我特別鑽研列子的學說。」楚王問：「列子的學說有甚麼獨到之處呢？」史疾回答說：「列子學說特別注重正名。」楚王問：「正名可以用在治理國家上嗎？」史疾回答說：「可以。」

楚王問：「楚國的強盜很多，寡人常爲此感到頭疼，正名可以解決強盜爲禍的問題嗎？」史疾回答說：「可以。」楚王問：「要如何用正名來遏止強盜呢？」一會兒，有一隻鵲鳥停在屋頂上，史疾便問：「請問這種鳥楚國人如何稱呼呢？」楚王說：「我們叫做鵲。」史疾又問：「叫它做烏鴉可以嗎？」楚王說：「這當然不行，如果把鵲鳥叫做烏鴉，那要如何和眞正的烏鴉區分呢？這不是造成名稱上的混亂嗎？」

史疾說：「楚國中地位尊崇的執政官，有柱國、令尹、司馬、典令等官職。楚國對於這些官吏選拔的要求，是要清廉、不貪汙的人才能勝任。然而有些人只徒有清廉的名聲，實際上仍貪汙受賄，大王您沒有考察清楚，只因爲他擁有清廉的名聲就任用他，這才導致楚國盜賊橫行，沒有辦法阻止。」楚王說：「聽先生一席話，寡人頓然省悟。寡人以爲擁有清廉名聲的人，必然行爲也是清廉，誰知竟有名實不相符的情形。難怪盜賊仍如此猖獗，寡人以後要謹愼的考核官員們的德行，而非只聽信旁人對他們的讚揚。」

楚王重新考核官員們的名聲與德行是否相符，相符的就予以任用，不相符的就解除他們的職務，沒多久，楚國境內的盜賊問題就徹底解決了。

釋評

這裡討論的是名聲與行爲是否相符的問題。顯赫名聲的人，未必有與之相符的品德；反之，名聲不顯赫的人，未必品德就不佳。這是因爲名聲的建立是通過人們的口耳相傳，或者官府的表揚與舉薦。以前者來說，口耳相傳容易加油添醋，把原本很小的事情誇大化；以後者來說，可以通過金錢與人際關係買通官府，而得到表揚，這些都是使得名實不相符問題存在的因素。因此，當我們在任用人才時，需要實際的去考核他們是否眞正具有崇高的品德與才能，而非只是相信他們擁有的好名聲。

名人佳句

平生德義人間誦，身後何勞更立碑。

這句話是出自唐代徐夤《經故翰林楊左丞池亭》一詩，意思是說：「活著的時候德行義舉已經是人人傳誦，死後何必立碑歌頌，多此一舉？」能得到人們稱讚的德行義舉必然是確有其事，即便傳誦過程加油添醋，卻也並非是空穴來風。既然有品德高尚的實際行為，又何必在乎死後的虛名呢？

原文

敗寇者縱之遠，不縱之近。

譯文

失敗的敵人可以縱容他們遠離，不能縱容他們在身邊虎視眈眈。

事典

一再忍讓的李世民

隋朝末年，隋煬帝暴虐無道，李淵起義推翻隋朝，建立唐朝，是為高祖。他的嫡長子李建成被立為皇太子。李世民是李建成的弟弟，他們兄弟跟隨父親李淵起義，建立不少功勳。李世民的功勞勝過太子，李淵私下允諾要改立世民為太子。李建成知道了，就和齊王李元吉謀劃作亂。

王珪對李建成說：「殿下只是因為是嫡長子才被立為太子，既沒有顯赫的功績，又沒有受百姓愛戴的美名。反觀秦王李世民他功績顯著，威名遍布四海，又受百姓的愛戴，殿下要如何自安？」李建成聽了李珪的話後，就開始忌妒李世民，處處與他作對，深怕自己的太子之位不保。

李世民經常統帥兵馬，出外征戰，他把重心都放在招攬賢才上，對於進宮向李淵的妃嬪請安的事情從來不做。尹德妃曾私下向李世民求索珍寶，並替自己的親戚族人求取官職，李世民以財物都已經封存上奏，官職也應當封賞給有功的將士為由，拒絕了尹德妃的請求，她因此懷恨在心。李建成經常進宮向妃嬪請安，尤其和尹德妃關係密切。他對尹德妃說：「秦王深受父皇的信任與寵愛，恐怕不久東宮就要易主了。」尹德妃與李建成私通，深怕李建成失去太子之位，會影響到她的富貴，就想找尋機會離間李世民與李淵的父子關係。

尹德妃的父親尹阿鼠一向行為囂張跋扈，有一次秦王府的官吏經過尹阿鼠的府邸門前，沒有下馬表示恭敬，就被尹阿鼠的家僕痛打一頓。事後，尹阿鼠怕李世民會將此事告知李淵，於是就讓尹德妃先去李淵面前告一狀，尹德妃說：「秦王的隨從兇殘暴虐，欺壓臣妾的父親。」李淵知道後就很生氣，他斥責李世民說：「你的隨從欺負我妃嬪的家人到這種地步，更何況是普通的平民百姓！」李世民對此事極力申辯，李淵卻先入為主的認為此事是他的過錯，聽不進去他的話。尹德妃就趁機說：「陛下百年之後，若是秦王得志，那我們母子在宮中定然沒有立足之地了。東宮為人寬厚，一定能養育臣妾母子。」李淵聽了之後很哀傷，從此之後他逐漸疏遠李世民，打消了改立他為太子的念頭。

李建成擔心李淵並未徹底打消廢立太子的念頭，於是私底下招募勇士與惡棍，組成宮中甲兵，稱爲長林兵。李淵到離宮仁智宮避暑，命太子李建成監國，留守京城。李建成就趁機命楊文幹招募驍勇，陰謀發動政變。又派爾朱煥送鎧甲給楊文幹，並負責接應他。爾朱煥擔心事情敗露會牽連自己，就去向李淵告密。李淵得知此事後，非常憤怒，他隨便找了個藉口，將李建成召來。

李淵質問他這件事情，李建成沒想到事情會提前洩露，心中害怕，叩頭謝罪，用頭撞地，險些喪命，李淵心中不忍，就命人將他看管起來。此時，楊文幹起兵叛變，李淵召李世民前來商討此事，李世民說：「楊文幹這個小子，竟然狂妄起兵作亂，他這個人有勇無謀，麾下多半是亡命之徒，並不足爲懼，隨便派個人討伐他就可以了。」李淵說：「楊文幹起兵造反，背後是建成受意，恐怕響應他的人很多，這件事並非你想的那樣簡單，依朕看，這件事還是由你親自前去平定，等你回來之後，朕立你爲太子。建成雖然鑄下大錯，以往謀逆都是誅九族的大罪，他始終是朕的親生兒子，朕無法狠下心來殺他。」李世民說：「父皇打算如何處置皇兄呢？」李淵說：「建成的太子之位是一定要廢的，謀反失敗的逆臣賊子，他的謀反之心，是不可能徹底消除的，放在身邊始終是個隱患。朕打算將他貶作蜀王，蜀地偏僻狹窄容易控制，如果他不能以臣事你，你也容易制服他。」李世民說：「建成是兒臣的兄長，雖然他做出這樣大逆不道的事情，兒臣也不忍奪取他的性命，希望他日後能夠反省改過。」

李世民出發討伐楊文幹之後，李元吉以及宮中的四個妃子，輪流替李建成求情，等到李世民平叛回來以後，李淵又改變了主意，打消了廢立太子的念頭。又叫李建成回京城留守，只是責怪他們兄弟不和睦，把過錯推到王珪等人身上。秦王的親信就對李世民說：「陛下沒有按照先前的約定，改立秦王您爲太子，如今又將太子建成召回京城，無疑是把虎狼放在身邊，恐怕他下一個想要對付的，就是秦王您，我們不可不做準備。」李世民嘆氣說：「一個是我的父親，一個是我的兄長，都是骨肉至親，我又能如何呢？」不久，李淵召見李世民，對他說：「你是否心中埋怨父皇，沒有廢黜建成，改立你爲太子？」李世民說：「兒臣不敢，兒臣本無意入主東宮，兄長以爲我想搶奪太子之位，屢次陷害我，因爲我們兄弟不睦而讓父皇操心了，我若是眞的當了太子，想必兄長這一輩子都不會原諒我了。」李淵說：「你能這麼想是最好，朕這麼多個孩子中，就屬你最懂事，他日必成大器。」

一次，李建成和李元吉設宴邀請李世民，李世民以爲太子想要與他修復關係，就前往赴宴。李建成在酒中偷偷下了鴆毒，李世民飲下後就心中暴痛，吐血好幾升，被人攙扶回宮中歇息。李淵得知此事後，先前往探視李世民的病情，後又責備建成一番，說：「秦王一向不能喝酒，不要晚上找他喝酒。」等到李世民病情稍爲好轉之後，李淵對他說：「如今天下安定，你的功勞佔了大半，朕想升你爲太子，你又堅持不肯接受，我只好尊重你的意見。建成入主東宮多年，朕不忍剝奪他的太子之位，可若是留你在京城，你們兩人兄弟反目，宛如仇敵一般，恐怕建成將對你不利，不如你回到洛陽，從陝西以東的地方都由你做主。」李世民哭著表示不願離開父親身邊，遠離京城，李淵好言安撫，他也只能接受。

李建成得知此事後，就與李元吉密謀，說：「若是讓秦王到洛陽去，他擁有了土地兵馬，再想要控制他就困難了，如果讓他留在京城，就只是個普通人而已。」就暗中授意大臣向李淵啓奏說：「秦王部下有許多是東部人，聽說要去洛陽都很高興，看情形他們不打算回來了。」李淵於是打消讓李世民前往洛陽的念頭。

從此以後，李建成和李元吉連絡後宮的嬪妃，時常在李淵面前說李世民的壞話，李淵也逐漸信以爲眞。李靖也勸李世民說：「現在太子把大王視爲心腹大患，再這樣下去，恐怕對您不利。與其讓太子留在京城，在陛下面前繼續中傷大王，還不如您主動爭取太子之位。論威望、論功績你都遠勝於太子建成，而且陛下也多次想要改立您爲太子，您顧念手足親情才推辭不接受，現在局勢非常危險，如果繼續讓太子留在京城，遲早有一天您會被他所害。」李世民說：「如果太子是我的仇敵，那麼我一定不會縱容他留在身邊，可是太子是我的兄長，怎能爲了太子之位而手足相殘呢？」李世民始終隱忍。

直到突厥人侵犯邊境，李淵下詔命李元吉帶兵抵抗，元吉對李建成說：「現在趁著對抗突厥入侵，軍隊都歸我管轄，不如我們趁著這時起兵，一舉剷除李世民這個眼中釘，那麼就再也不用不擔心他會跟您搶奪太子之位了。」李建成也贊同他的計策，於是與他密謀起兵。長孫無忌、房玄齡等臣子都支持李世民，他們勸他說：「太子等人將要起兵作亂，目的就是要討伐秦王您。如果您還一味顧念骨肉親情，不肯大義滅親的話，不只是您有殺身之禍，就是社稷也會動盪不安。生死存亡就在您的一念之間，如果您不答應，我們也只能逃離京城、辭職下野，無法再留在秦王您的身邊了。」李世民沉默了半晌，悲痛的說：「我顧念太子與元吉是我的手足兄弟，對他們一再縱容，無奈他們卻要對我百般加害，現在不能再坐視不管了。」

李世民於是進宮向李淵秘密稟奏建成與元吉與後宮的嬪妃淫亂，他說：「兒臣自問沒有絲毫對不起兄弟，太子與元吉現在想要殺兒臣，兒臣若死於今日，將要與君親天人永隔，到了黃泉也恥於見到這些賊人。」李淵對此事感到很震驚，就對他說：「明天朕會親自查問，你明天早點來。」

第二天，李世民率領手下士兵到玄武門自衛。李淵已經召集大臣，準備徹查此事。李建成和李元吉走到臨湖殿，發覺事情有變，於是調轉馬頭準備各自回東宮、齊王府。李世民騎馬追趕，在後頭呼喊，李元吉慌亂之下弓弦拉不開。李世民見他們慌忙逃走，就用弓箭射他們，李建成被射中身亡。李元吉也中了一箭，被李世民的人馬給殺死。沒多久，東宮和齊王府的人馬前來攻打玄武門，守衛士兵和他們抗爭許久，亂箭射入內殿。李世民率兵前來救駕，終於擊退李建成的人馬。李淵就問大臣說：「現在要怎麼辦？」有大臣啓奏說：「陛下起義推翻隋朝時，建成和元吉並沒有一開始就參與，建立唐朝後又沒有功勳和建樹。秦王功蓋天下，四海歸心，若立他爲太子，陛下可以放心把國政交給他，百姓自然相安無事。」李淵聽了，很高興的說：「這也是朕一直以來的想法。」於是就立李世民爲太子，李淵死後，他即位爲太宗，開創大唐盛世。

人物

李建成，小字毘沙門，唐代隴西成紀（今甘肅秦安西北）人。生於西元五八九年，卒於西元六二六年七月二日。高祖李淵嫡長子。高祖起義滅隋，建立唐朝後，因爲建成爲嫡長子，所以立爲太子，他的功勳和威望都不如李世民。李建成三番四次陷害李世民，深怕他威脅到自己的儲君之位，後來李世民發動玄武門之變，用弓箭射死。李世民即位後，追封爲息隱王，又追封爲隱太子。

釋評

對於失敗的敵人，不能縱容他留在身邊，因爲他們隨時都有可能東山再起。卻可以容忍他們離自己越遠越好，因爲留給他們一線生機，這樣他們才不會覺得走投無路，想要拚死一搏。這樣做的好處是可以降低他們的戒心，並使之遠離權力中心，無法得到其他人的擁戴，以及獲得反叛的資源，再逐漸削弱他的勢力，讓他無力起而反抗。

唐高祖李淵，在太子李建成與楊文幹密謀起兵作亂，事情敗露之後，李淵原本想要廢黜建成，改立李世民爲太子，將李建成貶到蜀地去。蜀地離京城很遠，而且地處偏僻，容易控制，就算他造反也無法威脅到京城王權，可以留他性命。但是李淵後來聽信後宮嬪妃的話，沒有眞的這麼做，一直放任李建成留在京城，繼續當太子，才有了後來讓自己兒子相殘的玄武門之變。

名人佳句

人善我，我亦善之；人不善我，我亦善之。

這句話是春秋時代顏回說的，出自漢朝韓嬰所著的《韓詩外傳》，意思說：「人對我和善，我也和善待人；人對我不和善，我還是和善待人。」以德報德，幾乎每個人都能做到，但以德報怨，明知對方心懷惡意，卻依然能夠以寬容的態度相待，這才是難能可貴。即使是敵人，也不必趕盡殺絕，如果他失去為惡的資本，可以用和善的態度包容他，只要別將他放在身邊，那麼威脅就會減弱。

原文

君子勿拘，其心無拘也。小人縱欲，其心惟欲也。

譯文

君子不能約束他們，因爲他們的心崇尚自由。小人縱容私欲，因爲他們的心所追求的只有欲望。

事典

放縱私欲的元載

元載是唐朝的官員，代宗時期的宰相。當時宦官魚朝恩因爲仰仗代宗的寵信，驕縱跋扈，爲所欲爲，百姓和官員對他的行爲很憤怒。元載與魚朝恩不合，他就藉機上奏，說魚朝恩獨攬大權，圖謀不軌。代宗對魚朝恩的驕橫也不滿已久，就藉機將他殺除。這件事過後，元載以爲自己誅殺亂臣賊子，爲民除害有功勞，更加志得意滿，認爲他的文才武略，朝中無人能及。

元載在京城建造華宅，裝潢得美輪美奐，連府中的奴婢都穿華貴的衣服。他為人相當奢侈，仗著自己有權有勢就為非作歹。他任用官員的標準，不是選用賢能的人，反而任用那些貪婪、放縱欲望的小人。有人問他說：「為甚麼你不重用有才能與品德高尚的人，反而要任用那些為了追求名利權勢而不擇手段的人呢？」元載回答說：「有才幹和品德高尚的人，無欲無求，且常常自以為是，不會聽從我的指揮；反而是那些平庸之輩，卻對於金錢和權力有無窮無盡欲望的人，來得更容易被我控制。只要給他們想要的東西，他們就能為我效命，對於鞏固權勢很有幫助，我當然要扶持這樣的人。」有許多想要晉身仕途的讀書人，都拿著奇珍異寶去巴結投靠在元載的門下。

魚朝恩死後，元載權傾天下，他家中藏有許多奇珍異寶，蓄養歌妓、姬妾無數，沉溺於聲色物質的享受之中。他這種放縱欲望的行為，被代宗知道了，代宗召他前去勸誡他說：「你放縱欲望也要有個限度，如此的驕奢淫逸，要是文武百官都人人效仿，那麼國家風氣將要敗壞了。」元載沒有一點愧疚的神色，反而振振有詞的說：「臣殫精竭慮的為陛下效命，就是為了想要過上優渥的生活，豢養姬妾、收藏金銀珠寶，是臣畢生的願望。若是陛下約束臣子，要求臣子勤奮節儉，過著清貧的生活，那麼放眼滿朝文武，又有誰願意為陛下效命呢？」元載不但不收斂，反而更加放縱自己的欲望。

後來有大臣向代宗上奏，說元載做出許多違法亂禁的事情，並且蒐羅他的罪證，代宗下令抄家，在元載家中搜出大量的贓物、財寶，最後下詔賜元載自盡。

人物

元載，字公輔，唐代鳳翔府岐山縣（今陝西省鳳翔縣）人，生於西元七一三年，卒於西元七七七年）。肅宗時，受到當權宦官李輔國提拔而受重用，代宗時擔任宰相。他爲人驕奢淫逸，貪汙受賄，排除異己，後被揭發罪證而被皇帝賜死。

釋評

對於正人君子，不能要求他們對於領導者絕對的服從，因爲君子有自己的道德理念與爲人處事的原則，領導者必須予以尊重，而且應該適當的接受他們的意見。如果要他們拋棄自己的原則，對領導者阿諛奉承，一味地曲意迎合，那他就不是君子，而是小人了。

放縱私欲、追名逐利的人，因爲有所欲求，往往容易被統治者控制，只要統治者給他們名利權勢，他就能爲其效命；然而，這樣的人往往沒有道德底線，他們是爲了自身的利益才爲統治者賣命，若是有一天，有其他人開出更好的條件，可能就會轉而投效他人，這種唯利是圖的小人，對於統治者來說是沒有忠誠可言的。他們的野心往往無窮無盡，想要任用他們，就要有能夠控制他們的手段，否則讓他們權勢坐大，反而會威脅統治者的權勢與地位。

名人佳句

縱欲之樂，憂患隨焉。

這句話是清代申居鄖所說的，出自《西岩贅語・耐俗軒新樂府》，意思是說：「放縱欲望只能獲得一時的快樂，憂慮和禍患會隨之而來。」追求名利權勢，固然能得到一時的享受與快樂，然而這樣的快樂是有條件的，當私欲得不到滿足時，就無法感到快樂。而且為了滿足私欲，例如：住華美的房子，穿漂亮的衣服。為了達到享樂的目的，無所不用其極，偷搶拐騙等各種手段都使出來，只為了滿足自己的私欲，若有一天罪行被別人揭發，就會禍到臨頭。原本是追求快樂，卻因為過度放縱私欲，反而導致痛苦，甚至還會有殺身之禍。所以，要懂得適當的節制欲望，哪些事情可以去做，哪些事情不能去做，還是要有做人的底線和原則，不能無限縱容自己的欲望。

原文

利己縱之，利人束之，莫以情易耳。

譯文

對於自己有利的就放縱它，對於別人有利的就約束它，不要因爲感情而有所改變。

事典

陷害太子的伊戾

春秋時代，宋國的芮司徒有一個女兒，她剛出生的時候，皮膚是紅色而且全身長毛，芮司徒覺得這個女兒長相怪異，恐怕會爲自己帶來災禍，就把她丟棄在荒郊野外。宋國太后共姬的侍女覺得這嬰兒很可憐，就將她撿回來，撫養成人，她長大後很漂亮，因爲是被人棄養的，所以取名爲棄。有一天晚上，宋平公到母親共姬這裡一起用晚膳，偶然瞧見了棄，覺得她長得很漂亮，於是便納她爲妾。

棄嫁給宋平公後，很受到寵愛，不久生了一個兒子，取名爲佐，他長得很醜陋，心地卻很善良。宋平公的太子名叫痤，容貌俊美卻心腸很毒，執政大臣向戌對他又厭惡又敬畏，惠牆伊戾是太子宮宦官之首，卻不受太子寵信，他表面上對太子很恭敬，心裡卻暗自埋怨。

有一次，楚國的客人要到晉國去，途經宋國。太子和這位楚國來的客人是舊識，於是請求在野外設宴招待他，平公答應了。這時，向戌私底下對伊戾說：「太子一向不喜歡你，你在他的門下也得不到重用，若有朝一日他即位成爲宋國國君，你就沒好日子過了，何不早點投奔明主呢？」伊戾說：「大人可有良策？」向戌說：「棄雖然是個侍妾，但她生的兒子很受國君寵愛，爲人又恭敬和順，若是擁戴他爲國君，一定會比太子合適。」伊戾說：「我是太子的幕僚，怎能背叛太子呢？這不是不忠嗎？」伊戾說：「選擇對自己有利的事情去做是人之常情，對自己不利的事情就不要去做，你今天如果要忠於太子，就是對自己不利，你是個聰明人，應該懂得如何選擇。」

伊戾聽了向戌的話，就向宋平公毛遂自薦，請求跟隨太子前往。宋平公問：「太子不是很討厭你嗎？」伊戾假意說：「小人侍奉君子，即使被討厭也不敢遠離，被喜歡也不敢太親近。況且，太子那邊也需要有人侍奉。」宋平公就允許他去了。伊戾到了那裡，就在太子和楚國使者會面的地方埋藏好僞造的盟書，等到一切準備好了之後，就快馬回稟宋平公說：「太子要謀反。」宋平公很驚訝的問：「他已經是太子了，王位遲早都是他的，還有甚麼不滿意的呢？」伊戾說：

「太子想要早點即位。」宋平公就去徹查此事，發現了太子謀反的罪證，就將太子逮捕入獄。太子對親信說：「請把我的冤屈告訴佐，現在只有他能救我了。」就召請佐，並讓他向宋平公求情，說：「如果你到中午還不來，我就知道難逃一死了。」

佐原本想要去見宋平公，替太子求情，向戌聽到了這件事，就對佐說：「太子如果死了，對公子您是有好處的，您的母親棄很受大王的寵愛，必定立您爲太子。但如果你現在去向大王求情，要是太子被赦免，以他狠毒的個性，即位後必定不會放過你。對自己不利，而對他人有利的事情，不應該去做，否則將來必定遭殃。」佐於心不忍說：「可是太子是我的兄弟手足，我怎能因爲一己私利，就背棄手足呢？」向戌說：「做大事的人不應該被私人情感給左右，如果您今天不聽我的，將來被太子陷害時，就不要後悔今天的仁慈。」向戌又說：「民間的人，生了男孩就互相慶賀，生了女孩因爲對自己不利，就殘忍的將她殺害，骨肉至親尚且如此，更何況是兄弟呢？」佐終於被向戌說服了，沒有去向宋平公求情，過了中午，太子就上吊自殺了。佐被立爲太子，不久，宋平公聽說太子無罪，是被伊戾陷害，就把他烹殺了。

人物

向戌，子姓，向氏，生年不詳，春秋時代宋國的左師。他身爲宋國大夫，促成晉楚達成弭兵協議，在宋國會盟，讓兩國得以和平相處。

釋評

人性是自私的，對自己不利的事情不會去做，對自己有利的事情則是趨之若鶩。對別人有利的事情，勢必會損害到自己的利益，例如：升官的機會只有一個，若是同僚獲得升官，那麼自己勢必無法升官，在這種時候要想辦法製造對自己有利的條件，同時也要設法製造對別人不利的條件，絕對不能因爲跟那個人私交很好，就心軟放他一馬，否則自己就無法獲得利益。這種思想當然是功利的，完全是以對自己有利或無利來做衡量，連人情都是可以犧牲的。

伊戾厭惡太子痤，就故意設計太子有謀反的嫌疑，且做出假的罪證，讓宋平公以爲太子眞的想要謀權篡位。他做這件事的時候，完全以對自己有利的立場來考量，而沒有站在國家與社稷的利益來做設想，最後雖然達成目的，但眞相揭露時，伊戾也被宋平公殺害，算是自食惡果。

名人佳句

放於利而行，多怨。

這句話是孔子所說，出自《論語．陽貨篇》，意思是說：「按照利益來行事，會招致別人的怨恨。」唯利是圖的人，往往為了自己的利益而犧牲他人的利益，這樣的人會招致別人的怨恨。所以，凡事不能皆以自己的利益為出發點，也需要為其他人設想，否則時間久了，親朋好友必定會厭惡你，紛紛遠離。

度心術

原文

心可縱，言勿濫也。行可偏，名固正也。

譯文

心裡的想法可以不受約束，言說卻不能沒有節制。行為可以偏頗，名義一定要正當。

事典

謹言慎行的賀若弼

賀若敦是南北朝時代的北周將領，他出任中州刺史，鎮守函谷關。他以前為朝廷立下顯赫的功勳，卻未受到重用，時常心懷怨氣，對親信抱怨說：「早年和我一起征戰沙場的弟兄，現在都受封為大將軍，只有我一個人沒有獲得大將軍的職位。湘洲之役時，我保住全軍返回，不僅沒有受到朝廷的嘉獎，反而被摘除了職位，我實在是心有不甘啊！」親信說：「您的這些牢騷和我說說也就算了，絕對不可以對外張揚，要是傳了出去，小心禍從口出。」賀若敦不高興的說：「怕甚麼，就算是皇帝來了，我也敢這麼說。」這個時候，剛好朝廷派遣使者前來，賀若敦對他抱怨幾句，這些話傳到當權者晉公宇文護的耳裡，他聽了非常生氣，就找了個藉口，將賀若敦召回，逼迫他自殺。

賀若敦臨死前，把兒子賀若弼叫到面前來，囑咐他說：「我立志要平定江南，這個心願只有依靠你來實現了。我為了逞一時口舌之快，反而為自己招來殺身之禍，如今悔之晚矣。你以後千萬要記住，不管你心裡有多少想法，都不可隨便宣之於口。否則禍從口出，就落得跟為父一樣的下場。」他說完，就拿錐子將賀若弼的舌頭刺出血，用來警告他要謹言慎行，千萬不要重蹈他的覆轍。

賀若弼一直謹記父親的訓誡，周武帝時，他在朝廷任職，當時上柱國王軌對武帝說：「太子非是棟樑之材，如果把國家交託給他，恐怕所託非人。這件事臣與賀若弼已經討論過了，他也非常贊同臣的想法。」武帝聽了，就把賀若弼召來詢問，賀若弼知道太子之位難以動搖，如果回答不謹慎，可能會有殺身之禍，故意狡猾的回答說：「皇太子學業每天都有進步，臣也沒聽說他有甚麼重大的過失。」武帝聽了沒有說話，賀若弼退下之後，王軌責備說：「你先前不是說太子失德，沒有資格位居儲君之位嗎？怎麼見了陛下，就改變說辭了，這不是要陷我於不義嗎？」賀若弼說：「君王不謹慎就會失去臣下，臣下不謹慎就會失去身家。先父就是因為口舌之快，才失去性命，他臨死前囑咐我一生要謹言慎行，身為兒子不敢不遵從父親的遺志。況且，陛下並沒有想要改立儲君的意思，你我貿然妄議太子是非，若是被太子知道了，他日當即位爲君王之時，就是你我身亡之日。」

後來，太子即位爲宣帝，他知道王軌曾經在武帝面前說過他的壞話，就編排罪狀將他殺害，賀若弼則相安無事。

人物

賀若敦，西魏、北周時代軍人、政治人物，生於西元五一七年，卒於五六五年。

他擅長騎馬射箭，受宇文泰賞識任都督，封安陵縣伯，太子庶子。後改任金州刺史。後來，他對朝廷多有埋怨，觸怒了當時執政者宇文護，因而被召還，賜他自盡，享年四十九歲。

釋評

我們對於周遭的人事物難免會有自己的看法，心中可以有很多想法，但有些想法若是說出來會得罪人，那就寧可把他藏在心裡不要說出來，否則，且得罪了小人，日後就可能會被他伺機報復。謹言慎行，是明哲保身之道，對甚麼樣的人該說甚麼樣的話也是一門學問。

這世上有很多人打著正義的旗號，實際上卻投機取巧、不走正途，雖然此法不可取，但在古代官場權謀來說，這不失爲達到自己目的的好辦法。若是想要討伐一個人，侵占他的土地和權位，就一定要師出有名，這樣別人才會來響應，不僅名正言順，還能得到大家的擁戴。縱然是一種欺騙的手段，卻是擴張自己勢力，鞏固權位的好辦法。

名人佳句

病從口入，禍從口出。

這句話出自北宋李昉等人編撰的《太平御覽》，意思是說：「亂吃東西，或者飯前不洗手把病菌吃進肚子裡，容易感染疾病；說話不小心謹慎，就容易得罪別人，招致禍患。」口可以用來進食，也能用來說話，表達心中的所思所想；然而禍患也是透過口來引發的，無論是吃東西不節制，或者不注重個人衛生，透過進食感染的疾病，抑或是說話不經大腦，想到甚麼就說甚麼，得罪小人而不自知，也會引禍上身。所以，無論是飲食還是言說，都不可不謹慎。

構心卷

富貴乃爭，人相構也。生死乃命，心相忌也。

構人以短，莫毀其長。傷人於窘，勿擊其強。

敵之不覺，吾必隱真矣。貶之非貶，君子之謀也。譽之非譽，小人之術也。

主臣相疑，其後謗成焉。人害者眾，棄利者免患也。無妒者稀，容人者釋忿哉。

原文

富貴乃爭，人相構也。

譯文

爲了富貴而爭權奪利，人與人之間互相陷害。

事典

慫恿劉氏奪權的張豺

張豺是五胡十六國時期的人，他歸降於後趙，被封爲戎昭將軍。後趙第三任皇帝石虎滅了前趙，張豺跟著攻打上邽的時候，俘虜了前趙皇帝劉曜的小女兒安定公主，公主劉氏年僅十二歲，容貌出眾，張豺就把她獻給石虎作妾，公主很受石虎的寵愛，生下了石世，封爲齊公。

石虎有很多個兒子，他爲了立誰爲太子而苦惱，太尉張舉就進言說：「陛下已經年邁，也是時候應該選定儲君的人選了，陛下的兒子中以燕王石斌和彭城王石遵最爲優秀，他們都文武兼備，應該從他們二人之中選擇一個作爲太子。」張豺聽到這個消息後，就和幕僚商量說：「現在陛下想要立儲君，太尉向陛下進言，應當在石斌和石遵兩人之中選擇一人立爲太子。可是我和他們並無交情，若他們之中的一人當了太子，將來即位爲皇帝，對我並無好處。你覺得我應該向陛下舉薦誰當太子，對我會比較有利呢？」幕僚就說：「陛下的寵妃劉氏，是劉曜的小女兒，大人您將她獻給陛下，劉氏才有今日的榮華富貴，她一向對大人您有感激之心，若是大人舉薦她的兒子當太子，那麼將來太子即位，劉氏就貴爲太后，到時候必然更感激大人，會讓大人輔佐朝政，這是對大人您非常有利的事情。」

張豺就去對石虎說：「聽說陛下正在爲立太子一事煩惱，依微臣之見，石斌的母親出身低微，她又曾經犯過錯；石遵之母鄭櫻桃也曾被降位份，兩位皇子的母親身分都很卑賤，若立他們當太子恐怕會生出禍患。陛下何不立母親身分尊貴，兒子又孝順的人爲太子，這樣可以免除禍患。」石虎覺得張豺說得很有道理，於是對群臣說：「朕定是腹部不乾淨，才生出兇惡的兒子，二十幾歲就想謀害朕。現在石世只有十歲，等他二十歲，朕也已經年老了。」於是命群臣舉薦立石世爲太子。大司農曹莫反對，沒有署名舉薦，石虎派張豺去問他原因，曹莫說：「天下事務繁多，不應該立一個孩童爲太子。」石虎聽了之後就說：「曹莫是個忠臣，但他不了解朕的心意。」石虎仍立了石世爲太子，劉氏爲皇后。

不久，石虎病重，命石遵爲大將軍，鎮守關西，石斌爲丞相，張豺爲鎭衛大將軍，命他們三人共同輔佐朝政。張豺就對劉氏說：「石斌與石遵本就是太子的最佳人選，如今陛下病重，將國家大事都委託給石斌。石遵駐守在外不足爲懼，但若是石斌仍眷戀皇位，想要趁陛下病重對石世圖謀不軌的話，他完全有能力這麼做，到時候娘娘您的處境就堪憂了。」劉氏說：「將軍您的意思是，要本宮先下手除掉石斌，以絕後患嗎？可是石斌也是陛下的兒子，我怎能謀害自己丈夫的骨肉？」張豺說說：「自古以來帝王家本就無情，尋常百姓家，尙且爲了家產而大打出手，更何況是令人垂涎的天子之位呢？富貴本就是自己爭取來的，以前娘娘您有陛下的庇護，那些覬覦太子之位的人自然不敢把您如何，可是現在陛下病重，如果娘娘您心慈手軟，那麼遲早會遭那些覬覦皇位的人陷害，首當其衝就是石世。就算您不爲自己打算，也要爲您的兒子設想啊！」劉氏聽了覺得很有道理，於是就與張豺密謀殺掉石斌。

當時石斌在襄國，劉氏就派使者騙石斌說：「陛下的病情已有好轉，王如果想打獵的話，可以在宮外稍作停留。」石斌一向喜歡飲酒打獵，他知道此事後，就開始打獵，縱情飲酒。劉氏和張豺假傳詔令，說石斌毫無忠孝之心，將他免官歸家，張豺派弟弟張雄看守他。石遵從幽州返回，命他在朝堂受拜，給他三萬禁軍就把他打發走，石遵悲痛的哭著離去。石虎的病情略有好轉，就問說：「石遵到了嗎？」身邊侍奉的人回答說：「已經回去了。」石虎說：「遺憾沒有見到他。」石虎親自駕臨西閣，龍騰將軍等兩百多名官員，列隊拜見說：「陛下身體違和，應該讓燕王石斌入宮宿衛，掌管兵馬，並立他爲皇太子。」石虎不知道石斌已經被廢黜，就問說：「燕王不在宮中嗎？把他叫來見朕。」身邊侍奉的人就回答說：「燕王喝太多酒，病倒了，不能前來。」石虎說：「派輦車迎他入宮，朕把印璽交給他。」石虎身邊的人都是劉氏的眼線，他們無人敢奉召去迎回燕王，這件事就不了了之。皇后劉氏聽說石虎想要立石斌爲太子的消息，擔心石斌活著一日，對石世的太子之位始終是個威脅，於是就和張豺商議，張豺就命張雄假傳石虎的詔命，將石斌給殺害了。

人物

張豺，生年不詳，卒於西元三四九年，廣平人。十六國時代後趙大臣。永嘉六年（西元三一二年）游綸、張豺擁有幾萬人，占據苑鄉，石勒派夔安、支雄等七將攻打，外圍營壘被攻破，游綸、張豺向石勒請求投降。石虎即位後，因與劉氏密謀，設計陷害石斌與石遵，使得石世當上太子。石虎死後，太子石世即位，劉氏爲皇太后。劉氏想讓張豺當丞相，被他推辭。張豺後來被石遵所殺。

釋評

富貴是大多數人都想要追求的，對於善用權謀之術的人來說，想要奪取富貴，就要互相設計陷害，因爲沒有人會願意把富貴權勢拱手相讓。況且，在爭奪富貴權勢的過程中，往往退讓或者鬥爭失敗，就象徵著失去生命，所以表面上看起來只是富貴權勢的鬥爭，事實上往往是生存權利的爭奪。

燕王石斌原本是太子之位的人選之一，只因爲他的手段不如張豺與劉氏凶狠，反而落入他們的算計之中，最終不僅與太子之位無緣，還被張豺陷害，死於非命。反觀張豺與劉氏，他們爲了保住自己的權勢，不惜構陷石斌，以謀取富貴。

名人佳句

民有所利，則有爭心，富貴之家，所利重矣。

這句話出自晉代葛洪所撰的《抱朴子‧詰鮑》，意思是說：「人民有利可圖，就會生出互相爭奪的心，特別是那些富貴的人家，能夠爭奪的利益更多。」人們為了利益就會你爭我奪，即便是骨肉至親，也會為了富貴而互相爭奪、陷害。平民百姓之家尚且如此，更何況是那些富貴的人家，甚至是帝王之家，這種為了自身利益互相爭奪的戲碼，更是時常上演。

原文

生死乃命，心相忌也。

譯文

死生禍福是命中注定，人心會互相猜忌怨恨。

事典

以天命自居的冉閔

冉閔是五胡十六國時期的人，是趙武帝石虎的養孫，冉閔小時候很聰明，石虎待他就像親孫兒一樣。冉閔長大後勇猛無匹，擅長謀略，經常打勝仗，授命建節將軍等職。有一次石虎打了敗仗，只有冉閔所率領的軍隊得以保全，從此他的功名大顯，他打敗叛亂將領梁犢後威望更高，胡夏名族的將領聽到他的名號，沒有不懼怕的。

永和五年（西元三五〇年），冉閔殺了石鑒，百官皆請求冉閔稱帝，冉閔要讓位給李農，李農堅決不接受，冉閔就僭登帝位，改國號魏。

石虎庶子石袛不滿冉閔篡位稱帝，就對大臣說：「冉閔只是父皇的養孫，竟敢自詡爲天命所歸，竄權奪位，我才是後趙的正統子嗣，石家天下豈能拱手讓人？」石袛於是在襄國（今河北邢台）稱帝，冉閔對此不滿，率眾圍攻襄國一百多天，石袛心中害怕，就去了皇帝號，改稱趙王，並且派遣使者去向慕容儁、姚弋仲求援。姚弋仲派遣他的兒子，率領援軍前往救援後趙，並告誡他說：「冉閔這個人忘恩負義，他是石家養大的孩子，如今長大成人，居然覬覦皇位，屠殺石氏子孫。我受人後待禮遇，應當爲他們報仇，只恨年老病痛纏身不能親自前往。你的才能勝過冉閔十倍不止，如果不能將逆賊擒來，不必前來見我。」姚弋仲也派遣使者告知前燕，君主慕容儁也派遣將軍率兵前往救援。

冉閔得知此事，就派常煒出使前燕，想要阻止慕容儁出兵救趙。慕容儁派遣使者封裕前往接待，問他說：「冉閔是石家的養孫，他不思報恩也就算了，竟然敢大逆不道竊取皇位，怎麼還敢自稱爲帝？」常煒回答說：「歷代開國君主，若非是天命所歸，怎能成功稱帝？漢高祖劉邦本是平民百姓，他之所以能開創漢朝，自稱爲帝，不也是憑藉著天命嗎？吾主既然能夠稱帝，亦是上天授命，希望慕容儁不要借兵給他，否則就是違抗天意。」封裕說：「坊間傳聞冉閔起初稱帝時，鑄造自己的金像，來占卜是否能夠成功掃蕩一切反對勢力，穩坐皇位，聽說金像終究沒有鑄成，有這件事嗎？」常煒說：「我沒聽說過這件事。石袛不敵吾主，所以心中忌妒怨恨，這種傳言大概是他編造出來的謊話。」封裕說：「這件事人所周知，你又何必隱瞞？」常煒說：「那是奸詐的小人想要假託天意魅惑人心，所僞造出來的謠言，吾主手握兵符印璽，佔據中州，才是眞正天命所歸，那些金像的傳言，不足採信。」封裕說：「傳國印璽眞的在冉閔手上嗎？」常煒說：「印璽在魏國的鄴城。」封裕說：「我聽說是在襄國。」常煒說：「那不過是石祗求援時的說辭罷了，他爲了騙得援軍，甚麼話都說得出來，何況是區區一個印璽呢？」

慕容儁仍派兵救援石祗，最後冉閔軍隊不敵而戰敗，冉閔打算出兵再戰，衛將軍王泰勸他不可出兵，冉閔不聽勸阻，仍決意出兵。後來被石祗軍隊打敗，冉閔偷偷逃回鄴城。他整頓軍隊後，全力攻打石祗部下劉顯，劉顯戰敗，請求冉閔饒他一命。冉閔說：「只要你取回石祗首級，就饒你不死。」劉顯爲了活命就背叛石祗，石祗不甘心，臨死前說：「後趙的皇位本就是我們石家的，冉閔這個逆臣賊子，不僅背叛石家，還竊取皇位，我才應該是上天認可的君王，眞是不甘心啊！」說完，就被劉顯所殺，劉顯把他的首級獻給冉閔，以獲取活命的機會。

人物

冉閔，生於西元三二〇年，卒於西元三五二年，字永曾，小字棘奴，魏郡內黃人（今河南安陽市內黃縣西北），出生於蘭陵郡（今山東棗莊和山東臨沂交界的地方），五胡十六國時期後趙君主石虎的養孫。冉閔原本支持石遵發動政變，推翻石世政權。石遵沒有按照約定立冉閔爲皇儲，對此心生不滿，後起兵誅殺石遵與石衍，改立石鑒爲君王。後來又殺石鑒，僭位稱帝，建立冉魏王朝。最後被前燕所滅，慕容儁將他誅殺。

釋評

正所謂「成王敗寇」，歷史上爭奪權位的人，成功的便是王，失敗的就是賊寇。成功的那一方，爲了維持自己王位的正統，都會假託天命一說，以強調自己能夠居王位，是上天授命的，所以大家應該對他心悅臣服。然而，這往往會讓那些想要爭奪權位之人，引發他們心中不滿，因爲大家都想要坐上九五至尊的位子，沒有人願意屈居人下，而使他們心中忌妒怨恨，只會引來他們更激烈的反抗。

冉閔想要取得王位的正統繼承權，所以就假託天命一說，說自己能夠登帝位，是上天賦予他的使命，以此來與石衹抗衡。然而，對於擁戴後趙的人來說，冉閔是竄權奪位，他的王權名不正言不順，那些後趙的舊臣，依然是支持石虎的庶子石衹。

名人佳句

天命不于常，惟歸有德。

這句話是出自西晉陳壽所著的《三國志》，意思是說：「天命沒有定常，有德的人才能得到。」古代帝王的王位多半都是世襲，有些君主雖然具有繼承帝位資格，卻沒有帝王應當具備的品德。有些殘暴的君主只顧著自己享樂，全然不管百姓的死活，這樣的人即便擁有繼承王位的血統，卻並非真正擁有天命的人。只有那些真正為百姓著想，能夠為國家解決禍患的人，才是天命所歸，成為君主真正的人選。

原文

構人以短，莫毀其長。傷人於窘，勿擊其強。

譯文

構陷別人要攻擊他的缺點，不要攻擊他的優點。傷害別人要在他困窘的時候，不要在他強盛的時候攻擊他。

事典

落井下石的裴寂

隋朝末年時，劉文靜和裴寂是志同道合的朋友。兩人夜裡住在一起，裴寂看到城樓上的烽火，就感嘆說：「我的身分卑微，家境貧窮，又遇上戰亂，要如何才能得到接濟？」劉文靜笑著說：「世道已經衰敗到這種程度，看來隋朝的氣數也快要盡了。就算世道再怎麼不好，你還有我這個朋友，又有甚麼好憂慮的呢？」後來劉文靜察覺到李淵和李世民父子，不是一般人，可以跟隨他們成就一番事業，便跟隨了李淵父子起義。

唐朝建立後，劉文靜和裴寂都被授予官職，劉文靜的官位卻在裴寂之下，他心生不滿，常和弟弟劉文起抱怨說：「我的才幹和能力都在裴寂之上，又有軍功，憑甚麼他的官位比我高？」劉文靜每次在朝堂上議事，都要與裴寂唱反調，裴寂說對的，他就要說錯，裴寂對他也心生怨恨。有一次，裴寂對朋友說：「以前我和劉文靜是好朋友，可以說無話不談，可是自從唐朝建立之後，他處處針對我，總和我過不去。」朋友就說：「你何不編造個罪狀陷害他？這樣他就不能找你麻煩了。」裴寂說：「劉文靜有才幹，而且懂得權變的謀略，唐朝剛剛創建，陛下很多地方都需要仰仗他的才能，現在是他鋒頭正盛的時候，如果這個時候貿然輕舉妄動，不但無法動搖他的地位，反而會連累到我。」裴寂就暫時隱忍。

劉文靜對裴寂的怨恨與日俱增，有一次在和他弟弟喝酒時，就憤怒的說：「我一定要把裴寂的頭給砍下來。」當時，劉文靜有個愛妾失寵了，把劉文靜這段話告訴兄長，她的兄長向朝廷密告劉文靜謀反。李淵把劉文靜拘捕起來，交給相關單位審問。劉文靜就說：「裴寂擔任僕射，擁有高級住宅，而我的賞賜和眾人沒有甚麼差別，因此心中有不滿的情緒。我喝醉酒難免口出怨言，我也不能保證沒有。」李淵對群臣說：「劉文靜說這種話，謀反之意已經很明顯了。」李綱和蕭瑀都證明他沒有謀反之心。李世民說：「起義初期，重要的謀略計策都是由劉文靜先制定，後來才告訴裴寂，等到平定京城後，待遇和官職都與裴寂相差甚遠，才會口出怨言，並非有意謀反。」裴寂想要剷除劉文靜已久，他就對朋友說：「我等待的時機已經到來了，現在陛下認爲劉文靜意圖謀反，正是他窮途末路的時候，我只要加油添醋，讓陛下相信劉文靜是個心腹大患，非除不可，這樣他大概就離死不遠了。」

於是裴寂對李淵說：「劉文靜的才幹與謀略，實在是非常出眾，性情粗鄙陰險，憤怒時不假思索，言語對陛下不敬，謀反之心已經很明顯了。現在天下還沒平定，外面仍有強敵，現在如果赦免他，日後必定後患無窮。」李淵覺得他說的很有道理，就殺了劉文靜和他弟弟劉文起，並且抄了他們的家。劉文靜臨行前感嘆說：「高飛的鳥都被射光了，弓就沒有用了，這話果然不假啊！」他死的時候五十二歲。

人物

裴寂，字玄眞，蒲州桑泉縣（今山西省運城市臨猗縣）人，生於西元五七〇年，卒於西元六二九年。隋末唐初人，唐高祖李淵的宰相。李世民、裴寂、劉文靜三人是唐代開國功臣。後因僧人法雅妖言一案被牽連免除官職，削去一半封邑，並放歸故里。唐太宗時，詔令裴寂還朝，卻在回京的路上死去，享年六十歲。

釋評

想要羅織罪狀陷害對方，一定要針對他的缺點來攻擊，千萬不要針對他的優點來抨擊，否則將會事倍功半。每個人都有缺點，只要將他的缺點誇大，讓別人信以爲眞，這樣就容易陷害一個人。反之，一個人若有出類拔萃的優點，就不能針對他的優點來攻擊，原因是無法讓人們說服，並不具有說服力，容易輕易讓人看出來你是有意要陷害他。到時候，構陷不成，反而會讓別人鄙視你，那就得不償失了。

一個人氣焰正盛的時候，不要貿然去攻擊、陷害他，因爲他的鋒頭正盛，若是故意陷害他，一旦失敗反而會被他窮追不捨的反擊。應該等待時機，等到他窮途末路的時候，再給予他致命一擊，那時候他就會毫無招架與反抗的能力，可以徹底的將他剷除。

名人佳句

不打落水狗，反被狗咬了。但是，這其實是老實人自己討苦吃。

這句話是中國近代名作家魯迅說的，摘錄自〈論「費厄潑賴」應該緩行〉一文。一個人若是因為多行不義而身處窘迫的境地，這種人應該趁他「落水」的時候暴打一番，因為他本質上是個惡人，如果因他落水而心生憐憫，等到他上岸之後，就會欺負那些善良的老實人。所以，同情心應該用在正直的好人身上，不應該濫用在壞人身上。打落水狗固然是不對的舉動，但也要看對象，如果是好人就不應該趁人之危；若是壞人，不打他反而禍害自己。

度心術

原文

敵之不覺，吾必隱眞矣。貶之非貶，君子之謀也。

譯文

想要敵人察覺不出自己眞正的意圖，就要隱藏眞實的心意。看起來貶損他人並非是眞正的貶抑，這是君子的智謀。

事典

隱藏意圖的呂惠卿

呂惠卿是宋代人，他剛入朝爲官時，遇到王安石，兩人一見如故。王安石覺得他是個人才，秉持著提攜後進的精神，對他照顧有加。王安石對神宗說：「呂惠卿的才能，古往今來少有能與他相比擬的，學習先王之道而能加以運用的，就只有他了。」王安石很倚重呂惠卿，朝政之事都與他商議，呈給皇帝的奏章也都由他代筆。在王安石的舉薦下，呂惠卿的官位竄升得很快。呂惠卿對於王安石非常恭敬，王安石所交代的事情，他都盡心盡力的去完成，王安石對他可謂是到了推心置腹的地步。

司馬光卻看出呂惠卿居心不良，他對神宗說：「呂惠卿這個人表面上看起來恭謹順從，實際上滿腹壞水，他自己充當好人，卻讓王安石受到大臣們的誹謗。王安石賢能卻剛愎自用，很多不良的政策，都是呂惠卿想出來的，王安石只是推行而已，所以天下人都以爲王安石是個奸邪之徒。他升官的速度不按常理，這讓眾位大臣心生不滿。」神宗說：「呂惠卿應對進退是非分明，看起來似乎是個人才。」司馬光說：「那些自古以來的奸臣，哪一個沒有才幹，呂惠卿奸險的地方，就在於他善於隱藏自己眞實的想法，對那些能幫助他升官發達的人，就格外的巴結奉承，背地裡做的又是另外一套，這樣的人最爲奸詐狡猾，陛下不可不防。」神宗默然不語，沒有正面給予他答覆。

司馬光又寫了一封信給王安石說：「呂惠卿是個阿諛奉承的小人，今天他需要利用您幫助他升官，所以處處順著您的心意，讓您覺得與他合作很愉快，等到有一天您失去權勢，對他沒有利用價值時，他就會毫不留情地背叛您，對於這種小人不可不防啊！」王安石不相信司馬光的話，反而疏遠司馬光。

有一次，王安石的弟弟王安國討厭呂惠卿的奸邪諂媚，當面羞辱他。呂惠卿就上奏構陷王安國，使得王安國被治罪。王安石也因爲這件事情，而開始與呂惠卿有了嫌隙。呂惠卿背叛王安石後，凡是能拿來攻擊王家的事情，一件也沒放過。

王安石此時十分懊悔當初沒有聽從司馬光的話，就對朋友說：「當初我看中呂惠卿的才幹，屢次在陛下面前舉薦他，把他當成親弟弟一般的照顧，現在他與我立場有了分歧，就不遺餘力的攻擊詆毀我，只恨我當初沒有看清他眞實的面貌，誤信了小人。」王安石的朋友說：「呂惠卿就是一個善於隱藏自己眞實意圖的小人，這樣的人最是防不勝防。若是君子，他無論喜怒哀樂，都可以察覺得出來，但是小人善於隱藏自己的心意，他即便心裡討厭你到了極點，但是你對於他有利用價値時，他可以盡力的巴結奉承你，讓你看不出他眞正的意圖。」王安石說：「以前司馬光曾經提醒過我，要我小心呂惠卿，只恨我當時沒有聽他的話。」後來蘇轍就向神宗揭發他的罪狀，呂惠卿因此而被貶官，天下人都傳頌稱快。

人物

呂惠卿，字吉甫，號恩祖。生於西元一〇三二年，卒於西元一一一一年。北宋閩南晉江人（今福建泉州），曾任參知政事等職，歷仕仁宗、英宗、神宗、哲宗、徽宗五朝，曾協助王安石進行新法的推行。徽宗時，受到蔡京等人的排擠。後辭官回歸鄉里，不久病死。著有《文集》、《孝經傳》、《道德經注》、《論語義》、《莊子解》等書。

釋評

善於運用權謀的人，在他想要陷害敵人時，一定會將自己眞正的意圖隱藏起來，以迎合對方的心意。這麼做的好處是，一來可以獲得對方的信任，二來可以讓對方對他放鬆戒心，等到對方疏於防範時，再出手攻擊對方，以出其不意。

君子想要保護一個人，表面上貶損他，實際上卻是想要保護他，不讓他成爲眾矢之的，讓敵人可以放鬆警惕。

名人佳句

君子和而不同，小人同而不和。

這句話是孔子所說，摘錄自《論語．子路篇》，意思是說：「君子能與人和諧相處卻不同流合汙，小人同流合汙卻無法和諧相處。」君子雖然不認同某些人的行為，卻不會與他針鋒相對，表面上都能和諧的相處，這是對於每個人的基本尊重，然而君子可以區分是非對錯，對於他們不認同的事情是絕對不會去做。小人和他志同道合的人雖然表面上可以和睦相處，然而一旦面臨利益衝突時，則會毫不留情的攻擊對方，對於小人來說，沒有絕對的朋友，也沒有永遠的敵人，一切都是以自身利益為出發點。

原文

譽之非譽，小人之術也。主臣相疑，其後謗成焉。

譯文

表面看似讚美，實際上是貶抑，這是小人的權謀之術。君主和臣子互相猜疑，之後再予以誹謗才能獲得成功。

事典

被小人排擠的李泌

李泌是唐代人，他年少就聰穎過人，博通經史，精通《易象》，擅長詩文。他畢生的志向就是輔佐帝王，成就一番功業。張九齡等大臣都很器重他。李泌生性不受拘束，不想通過科舉考試晉身仕途。天寶年間，他在嵩山上書談論當時時政，玄宗很欣賞他，就召見他，命他待詔翰林，並在東宮供奉。楊國忠妒忌他擅長辯論而有才能，就奏告李泌曾寫《感遇詩》諷刺時政，玄宗就將他貶官，李泌便到山林中隱居，不問政務。

天寶末年時，安祿山叛亂，肅宗即位，派遣使者召見李泌。李泌前往拜見皇帝，陳述古今成敗的關鍵，很符合皇帝的心意，就把李泌請到臥室，時常詢問他國家大事。李泌堅決辭去官職，肅宗就特許他擔任散官以示恩寵，授予他銀青光祿大夫的職務。肅宗將各地上呈的奏章，以及官員的升遷，都與李泌商議，他的權力甚至超過了宰相。肅宗常對他說：「你在太上皇天寶年間，就是朕的師長與朋友，朕父子三人都仰賴卿的輔佐。」

李泌因爲甚得肅宗的寵信，而遭到中書令崔圓與寵臣李輔國的嫉妒，他們想要陷害他。李泌心中害怕，向肅宗要求前往衡山遊歷，肅宗問他緣由，李泌說：「陛下對臣禮遇有加，國家大事都與臣商議，臣雖然也願意爲陛下分憂，然而榮寵太過，容易招致其他大臣的嫉妒，臣擔心小人會離間我們君臣之間的情誼，臣個人榮辱事小，危及社稷事大。趁著那些小人還沒有動作之前，臣願離開朝堂，遠遊於山林之間，以免給小人機會挑撥離間。」

肅宗說：「朕相信卿不會做出圖謀不軌的事情，不過既然有大臣對卿不滿，卿離開朝堂躲避紛爭也是好的，況且像卿這樣不眷戀權勢富貴的人也已經很少了，値得嘉獎。」肅宗給予他三品的俸祿，李泌就前往衡岳隱居，專心修煉道術。

過了幾年，代宗即位，又召李泌擔任翰林學士，對他諸多禮遇。元載擔任宰相時，曾經數度拉攏李泌，李泌都不爲所動，元載因此憎恨他，就故意上奏說，李泌頗有才幹，受任檢校秘書少監、充任江南西道判官，希望他到外地赴任，不要留在京中。李泌的朋友告知他即將要出外赴任的消息，李泌憂傷的說：「元載這個人心機深沉，他表面上向陛下誇讚我的才能，實際上是想要將我調離京城，只因我不願與他同流合汙，他就故意設計陷害我。」李泌後來被代宗外放爲杭州刺史。等到德宗時，元載被誅殺，才召李泌回朝廷並授散騎常侍。

人物

李泌，字長源，京兆人，生於西元七二二年，卒於西元七八九年，祖籍遼東襄平，唐朝宰相。歷仕玄宗、肅宗、代宗、德宗四朝天子。著有文集二十卷。

釋評

小人要設計陷害對手，會隱藏自己的意圖，表面上誇讚對方一番，實際上是想要貶抑對方，以達到自己的目的。若是不了解小人的行徑，以爲他是要討好巴結自己，而對他放鬆警惕，那麼就落入小人的圈套中。對於巧言令色的小人，無論他是讚揚還是貶抑，都不可掉以輕心。

小人最擅長的事情就是挑撥離間，君主與臣子之間本就容易互相猜忌，當君主的總想要保住自己的皇位，最擔心的就是覬覦皇位的臣子；而有些臣子功高震主或者擁兵自重，最容易對皇位產生威脅，這樣的臣子往往也是君主最忌憚的。換言之，君主希望有賢能的臣子輔佐，但又擔心臣子太過賢能，受百姓的愛戴程度遠大於君主，那麼這時臣子就會成爲君主的眼中釘，無論臣子有無謀反之心，都會成爲君主猜忌的對象。小人就看準君臣這種互相不信任的關係，加以挑撥離間，就算臣了沒有反叛之心，但謠言散布久了，君主也會信以爲眞，這時小人再加以誹謗中傷，小人的計謀就能夠得逞了。

李泌是個有才幹的臣子，也正是因爲他才華出眾，才總是招小人嫉恨，他每次出仕總有奸臣挑撥他與皇帝之間的關係，所幸他是個聰明人，知道要遠離朝廷來躲避是非，這才能免禍。元載當宰相時，因爲李泌不肯投靠他，就故意在皇帝面前誇讚他，實際是想將他調離京城，遠離權力的中心，表面上是褒揚，實際上是貶抑，這便是小人讚譽對手的眞正意圖。

名人佳句

君子成人之美，不成人之惡。小人反是。

這句話是孔子所說，摘錄自《論語・顏淵篇》，意思是說：「當別人做好事時，君子會幫助他取得成功，當別人做壞事時，君子不會從旁協助。小人則是相反。」

君子見到善行就會努力去做，當別人行善時，他會幫助他成就這項善舉；君子厭惡別人做壞事，當別人為惡時，他不會從旁協助。小人容易嫉妒別人的優點，所以當別人在做好事的時候，他們害怕事情成功會威脅到自己的地位，就從中搞破壞；當別人因為私利而做壞事時，與小人心意不謀而合，所以小人會去幫助別人做壞事。這就是為甚麼，當小人嫉妒良臣的才能時，一旦有人誹謗、中傷他，小人會落井下石；而當別人讚揚良臣的才幹時，小人則心存嫉妒，對他懷恨在心，逮到時機就會捏造罪名陷害他。

度心術

原文

人害者眾，棄利者免患也。無妒者稀，容人者釋忿哉。

譯文

被陷害的人很多，放棄利益可以免除禍患。不會心存嫉妒的人很少，能夠容忍別人的可以釋懷怨憤。

事典

明哲保身的湯和

元朝末年時，湯和跟隨宋太祖朱元璋起義，立下顯赫的戰功，爲明朝的開國功臣。湯和爲人沉穩機智敏捷，但是喜歡飲酒，經常酒後失儀。他在守衛常州時，曾經有事情請求朱元璋幫忙，卻沒有得到允許，他心情鬱悶，喝醉酒口出怨言說：「我鎮守這座城，就如同坐在屋脊上一樣，往左看就是左邊，往右看就是右邊。」朱元璋聽說了這話，對此懷恨在心。當湯和封信國公的時候，雖然賜予他可以免罪的丹書鐵卷，卻仍當面數落他在常州時候的過失，還將這件事寫在鐵卷上。那時，朱元璋年事已高，天下已經平定沒有戰事，魏國公和曹國公都已經去世，朱元璋不希望眾將領長期統領兵權，常跟身邊親近的大臣說：「現在天下太平無事，可是眾將領手中仍握有兵權，萬一他們圖謀不軌，起兵造反，那朕的江山豈不是岌岌可危？」

這話傳到湯和耳中，湯和就對親信說：「看來是時候向陛下辭官引退了。」親信就說：「大人是開國功臣之一，又被封爲信國公，眼下正是官運亨通的時候，您這個時候辭官，未免也太可惜了。」湯和搖頭說：「陛下這番話恐怕是說給我聽的，先前在常州時因爲一件小事而得罪陛下，陛下耿耿於懷已久。我手中又握有兵權，陛下始終對我不放心，如果我捨不得眼前的榮華富貴，繼續統領兵權，若有小人趁機在陛下面前說我壞話，編排罪狀陷害於我，很有可能我連性命都保不住了，還談何榮華富貴呢？」湯和就進宮對朱元璋說：「臣年事已高，無法再爲陛下征戰沙場，寧願辭官回鄉，頤養天年，建造放置棺材的墓地，以等待收斂骸骨。」朱元璋聽了很高興，就賜給他錢財在中都建造宅第。

後來有倭寇入侵海上，朱元璋要湯和帶兵出征，湯和成功戍守邊防，讓倭寇不敢隨意進犯。湯和立下大功，卻不以功勞自居，這個時候宅邸已經建造完成，他帶著妻兒辭別皇帝，搬到宅邸居住。他的功勞很大，朝中大臣沒有人能與他比擬。然而湯和卻不以功勞自居，他晚年侍奉朱元璋更加恭謹，他在朝中聽到的國家大事，不敢對外洩露一句。皇帝給予他的賞賜，他都拿去分送給親友和老人。當時許多封公侯的開國功臣，大多都犯奸黨罪，先後受到法律的制裁，很少有倖免的，就因爲湯和不以功臣自居，懂得適時的捨棄權力富貴，才得以保住一命，安享晚年，直到死的時候都還保有封爵和官職。

人物

湯和，字鼎臣，元末濠州（今安徽鳳陽）人，明朝開國功臣，生於西元一三二六年，卒於西元一三九五年。郭子興起兵時，湯和跟隨他，因爲戰功被授予千户。後跟隨朱元璋攻克滁州，授予管軍總管。善於征戰和謀略，因而被明太祖朱元璋所看重。平定中原後，封信國公。病逝後，追封東甌王，謚襄武，享年七十歲，是明代開國功臣中少數得以善終之人。

釋評

小人陷害別人的動機，多半是爲了自身的名利權勢，而被陷害的人多半也是阻礙小人獲得更高權力的絆腳石，因此若是能主動放棄眼前的利益富貴，選擇急流勇退，趁早離開權力鬥爭的圈子裡，才是明哲保身的上上之策。古往今來，許多被人陷害的朝廷官員，大多是因爲他們無法捨棄權力與富貴。這樣一來，就給予別人陷害他們的動機。這也就是爲什麼歷朝歷代手中握有重兵、權勢，或者榮寵加身的臣子，能夠善終的並不多見。

小人陷害別人的動機，除了爲獲得更大的名利權勢以外，還有一個就是嫉妒心。害怕別人的能力比自己強，而讓自己的光芒被掩蓋住，這種嫉妒心幾乎人人都有，但在小人身上則表現得更加明顯。這個時候，寬容的對待那些曾經得罪我們的人，或者能力不如我們的人，是消解與他人心中隔閡與仇恨的重要關鍵。因爲對別人寬容就是對自己寬容，當別人因嫉妒心與我們針鋒相對時，我們如果能夠包容與諒解對方，不要與他們一般見識，那他們對我們的攻勢就會減緩；反之，如果我們嚴厲的加以反擊，則就引起對方就加不留情面的攻擊，到最後就只有兩敗俱傷的局面。因此，待人寬容也是權謀運用的一個重要原則。

名人佳句

火色上騰雖有數，急流勇退豈無人。

這句話是宋代蘇軾在《贈善相程傑》一詩中所說的，意思是說：「在官場得意的時候，要適時的急流勇退，以避免被人加害惹禍上身。」俗語說：「槍打出頭鳥。」在官場中，越是位於權力的中心，越是受皇帝的倚重，就越容易招致別人的妒忌怨恨，而被構陷中傷，為自己引來禍患。所以，避免被人陷害的最好方法，就是懂得在立於權力頂峰時急流勇退，這樣的人雖然看起來很笨，放棄眼前的大好前途，實際上這樣的人才是真正聰明的人，因為沒有了權勢，別人也就沒有理由要來加害於你，反而可以頤養天年，免除禍患；而那些捨不得眼前富貴權勢的人，往往被人栽贓陷害，最後落得慘澹的下場。

逆心卷

利厚生逆，善者亦為也。勢大起異，慎者亦趨焉。

主暴而臣諍，逆之為忠。主昏而臣媚，順之為逆。

忠奸莫以言辯，善惡無以智分。謀逆先謀信也，信成則逆就。

制逆先制心也，心服則逆止。主明奸匿，上莫怠焉。

成不足喜，尊者人的也。敗不足虞，庸者人恕耳。

原文

利厚生逆，善者亦爲也。勢大起異，愼者亦趨焉。

譯文

豐厚的利益可使人背叛，正直的人也會這麼做。權勢大會起異心，謹愼的人也有這種走向。

事典

見利改志的魏收

魏收是北朝時代的北魏人，他十五歲的時候已經擅長寫文章。後來跟隨父親去戍守邊防後，又喜歡上騎馬射箭，想依靠武藝求取仕途。有一次，他被鄭伯取笑說：「你一個讀書人也學我們這些武夫舞刀弄槍，你用的戟有多少斤重啊？」魏收覺得很慚愧，就棄武從文，發憤讀書，年紀輕輕就以文筆華麗著稱。

北魏孝武帝時，他入朝為官，為皇帝草擬詔書。孝武帝曾出動大批士兵，在嵩山南面狩獵，接連持續十六天。當時天氣寒冷，朝野上下對此多有怨言。魏收就對親信說：「陛下與跟隨前往的官吏、妃子，都穿華麗的衣服遊樂，不合禮法規矩。我身為臣子應當規勸，卻又害怕陛下降罪。」親信說：「既然大人覺得直言不妥，那不如就保持沉默，免得惹怒陛下。」魏收又說：「可是我生性耿直，要我裝聾作啞又不符合我的本性，我還是冒死勸諫吧！」魏收就寫了一篇《南狩賦》委婉的勸諫，雖然用詞華麗，立意卻很純正。孝文帝看了之後很讚賞，還親手寫詔書回覆魏收說：「滿朝文武都沒有一個像卿這樣正直敢言的人，朕就是缺少像卿這樣的賢臣啊！」鄭伯聽說此事後，就很得意的說：「要不是我當初嘲諷魏收的話，他現在可能還是一介武夫呢！又怎麼會得到陛下的賞識呢？依我看，魏收應該來感謝我才是。」

丞相高歡兼任天柱大將軍等職，他起初堅決辭去天柱大將軍的職務，孝武帝就命魏收擬詔，滿足高歡的要求。高歡趁機要求加封相國，孝武帝就問魏收相國的品級與俸祿，魏收不懂得巴結權貴，就如時回答。孝武帝擔心高歡權力太大，朝廷中無人可以制衡，就沒有下詔。魏收既然沒有滿足高歡的要求，他擔心高歡會為了此事找他麻煩，為了避免禍患，他主動辭去官職。

後來雖然有幾次出仕，但仕途一直不順利，這讓魏收鬱鬱寡歡。雖以卓越的文才進入仕途，本來希望能在眾臣中脫穎而出，受到皇帝的重用，但獲得的官位卻無法讓他如願，這令他非常失望。於是主動請求撰修國史，有大臣推薦說：「修撰國史這件事非常重要，帝王皇室的功業要載入史冊，都需要詳細的記載，魏收文采過人，這件事只有他才能做。」朝廷就命他負責撰修國史。

皇帝對魏收說：「你只管放心的按照事實撰寫，朕絕對不會誅殺史官。」魏收不敢任用有才能的史官，擔心受到他們的壓迫欺凌，所用的史官都是那些一早就依附於他的人，然而當中有些人根本不適合擔任撰史工作。有同僚就對魏收說：「你早年還能直言勸諫皇帝，爲甚麼現在做事都只用一些阿諛奉承你的小人，有些人根本不適合編撰史書，你卻任用他們來協助你編修國史，這不是欺君罔上嗎？」魏收嘆氣說：「你懂甚麼？我早年爲官，本想憑藉文才一展抱負，所以事事規勸君王，卻因此得罪權貴，導致仕途一直不順利。如今我已經看開了，只要能幫助我仕途順利的人，即便是阿諛奉承的小人又何妨？正直勸諫不能讓我平步青雲，識時務巴結權貴才能讓我得償所願，既然如此，我就做一回小人又有甚麼關係呢？」魏收開始變得趨炎附勢，凡是對他有利的人，他就在史書中爲他隱惡揚善。爾朱榮是一個叛逆的臣子，魏收只因接受過爾朱榮兒子的贈金，就在國史中多寫他的善舉，隱諱他所做過的壞事。而對於那些曾經得罪過他的人，他就不寫那個人的善行，只寫他做過的壞事。魏收還自鳴得意的對人說：「你這小子算甚麼東西，敢對我魏收使眼色，可知我只要在國史把你貶得一文不值，後世的人都會以爲你是個十惡不赦的惡人。」他的品德因此而變得有了瑕疵。

人物

魏收，字伯起，小字佛助，巨鹿郡下曲陽縣（今河北省邢台市平鄉縣）人。生於西元五〇七年，卒於西元五七二年，北朝時期人物。北魏驃騎大將軍魏子建之子，年少有文才。歷任散騎侍郎等官職，編修國史。北齊時，被授予中書令的官職，官至尚書右僕射。性情放蕩輕薄，有「驚蛺蝶」的稱號。他修撰史書有失公允，《魏書》問世後，被當時人唾罵，被迫經過兩次修訂，才成書。

釋評

魏收原本是正直敢言的大臣，因爲不得志，反而開始趨炎附勢。一般人往往都難以禁得住巨大利益的引誘，即便是良善正直的人，也很難爲了堅持自己的操守而捨棄豐厚的利益，更何況原本就是追逐名利的小人。因此，若是想要將一個人收爲己用，只要拋出足夠的誘惑他的利益，那麼絕大多數的人都會心甘情願爲你效勞。

人對於權勢的追求猶如名利一般，都是無窮無盡的，不會因爲身處高位就獲得滿足。一般來說，身居高位的人，還會想要獲得更高的權勢，這就是爲什麼歷史上時常有臣子篡奪君位的事件上演，即便已經位極人臣，仍無法滿足於所擁有的權勢。即便這個臣子平時看起來言行謹慎，謙卑恭敬，然而若是有朝一日受到下屬的擁戴，也會毫不猶豫的篡奪君權，宋太祖趙匡胤就是這樣取得帝位的。因此，身爲統治者，對於臣子不可無防備之心，無論他表現得多麼謙卑恭敬，都必須明白，很少人能抵擋得住權力的誘惑。

名人佳句

佞人善養人私欲也。

這句話出自唐代魏徵編撰的《群書治要》，意思是說：「小人擅長助長人的私欲。」小人懂得用利益或喜好去引誘對方，讓對方為他所用，並進而一步步走入他所布置的陷阱當中。只有能夠屏除私欲的聖人君子，才能杜絕這樣的誘惑，他們會堅守正道，不會被小人奸佞所誘惑與利用，所以能明哲保身。只有那些不斷去追逐名利權勢的人，才會感到難以抗拒，心甘情願地被小人引誘，為了獲得私欲而不擇手段，最後為自己招來禍患，因而追悔莫及。

原文

主暴而臣諤，逆之爲忠。

譯文

君主殘暴而臣下直言勸諫，違背君王的心意的人才是忠臣。

事典

寧死不事二主的方孝孺

方孝孺是明代大臣，明惠帝朱允炆對他委以重任，授予他翰林侍講的職務，每有國家大事都徵詢他的意見，對他十分倚重。後來因惠帝急於削藩，引發燕王起兵造反，等到事態緊急時，有人勸惠帝說：「現在情勢危急，許多大臣將領已投降燕王，他隨時都會攻進京城，請皇上趕緊逃離，以待他日復興。」惠帝心中害怕，想要答應，方孝孺就說：「現在事情還未到絕望的時候，我們不妨堅守京城等待援軍到來，如果眞的抵擋不住，大不了就爲國而死。」不久，京城失陷，惠帝自焚而死，當日方孝孺被捕入獄。

在此之前，燕王朱棣要率軍攻打京城時，姚廣孝就說：「方孝孺是難得的忠臣，況且他是太祖朱元璋時的老臣，爲人正直，學問淵博，是天下讀書人的表率。大王攻進京城時，他一定不肯投降，還請大王不要殺他，否則會讓天下的讀書人寒心，以後就再無人肯鑽研學問，刻苦研讀了。」朱棣答應要留方孝孺的性命。

等到朱棣攻佔京城後，登上帝位爲明成祖，他召方孝孺入宮要他起草詔書，方孝孺問：「惠帝在何處？」朱棣回答：「他自焚死了。」方孝孺聽了之後悲痛欲絕，哭聲響徹大殿，朱棣心中不忍，從坐榻上下來勸慰他說：「先生不要悲痛，雖然朱允炆死了，但朕也是太祖的兒子，繼承帝位理所應當，您輔佐朕也是一樣的。」方孝孺說：「臣受太祖遺命輔佐惠帝，就該忠於太祖的遺命，陛下雖然是太祖的兒子，卻非他指定的繼承人，您這麼做與竄位奪權有何兩樣？如今攻入京城，逼迫惠帝自焚而死，乃是不忠不義，我方孝孺雖然只是一介讀書人，但忠臣不事二主，更不會事奉奸佞之徒。」朱棣聽了很生氣，但想到答應姚廣孝不殺方孝孺，於是就忍了下來，他說：「先生今日這番頂撞，朕可不與你計較，只要你替朕起草詔書，朕可恕你無罪。」方孝孺就把筆扔在地下，堅決的說：「臣只不過實話實說，直言勸諫而已，陛下若不聽從可以治臣死罪，要臣爲你這個竄位者擬詔書公告天下，是絕對辦不到的。」朱棣勃然大怒，就命人將方孝孺在市集上處以磔刑（一種將四肢分裂的刑罰）。並且將方孝孺的家人全都處死。

方孝孺死後，姚廣孝十分惋惜，對明成祖朱棣說：「陛下曾答應臣不殺方孝孺，爲何又出爾反爾？」朱棣說：「朕本不想殺他，可是他出言不遜，拒絕爲朕草擬詔書，不殺他，其他大臣若是紛紛效仿，那朕這個皇帝還如何服眾？殺了他，朕也是心痛萬分。」姚廣孝說：「自古忠臣都是直言勸諫，正所謂忠言逆耳，方孝孺忠於朝廷，忠於惠帝，這才忤逆陛下。陛下不必與他一般見識，如今把他殺了，恐怕以後就再也無正直的讀書人了。況且，陛下甫登基，就殺德高望重之臣立威，恐怕朝中大臣會人人自危，即便表面忠於陛下，也未必心服。」朱棣雖然懊悔，卻也已經來不及了。

人物

方孝孺，字希直，又字希古，號遜志，南明弘光帝追謚文正，生於西元一三五七年，卒於西元一四〇二年。明代浙江寧海縣（今屬浙江寧波市）人。世稱正學先生。明惠帝時重臣，是著名的文學和思想家，和宋濂、劉基合稱「明初散文三大家」。燕王朱棣起兵造反，惠帝朱允炆自焚而死，另有一說惠帝從地道逃跑，行蹤成謎。方孝孺被捕後不肯投降，不願替朱棣撰寫即位詔書，而被處以磔刑，並誅十族。

釋評

臣子的功用就是像一面鏡子，要矯正君王的過失，在他做錯事的時候直言勸諫，這樣的臣子就是忠臣。然而只有少數能夠自我檢討的君王才能容忍這樣的臣子，通常君王都自以爲是一國之中權力最大的人，集所有榮耀於一身，尤其是那些殘暴的君主，更是剛愎自用，很難聽進去忠臣的諫言，所以事奉暴君的忠臣下場，大多數都是死於非命。

方孝孺是一名忠臣，他無法效忠篡權奪位的朱棣，因爲他拒絕投降而被處死，然而即便如此，他也不改其氣節，堪爲讀書人的表率。

名人佳句

忠臣以誹死於無罪，邪臣以譽賞於無功。

這句話是出自漢代劉向編纂的《說苑．君道》，意思是說：「忠臣受到小人的誹謗陷害，即便沒有犯罪也會被處死；邪佞的臣子懂得諂媚君王，就算沒有功勞也能得到賞賜。」自古以來忠臣都是正人君子，他們盡忠職守的為君王效命，見到君王犯錯也直言不諱，若是遇到殘暴不仁的君王，不僅不受到重用，還會被厭惡。那些奸佞之臣，正是能掌握君王的這種心理，利用君王的厭惡之心，構陷罪名誹謗忠臣，導致忠臣沒有犯錯卻被處死的悲劇。反觀那些懂得諂媚君主的小人，他們懂得討好君王，迎合君王的喜好，所以時常得到君王的讚賞，即便沒有功勞，也會受到賞賜。

原文

主昏而臣媚，順之為逆。

譯文

君主昏庸而臣下諂媚，此時順著君主的心意才是違逆。

事典

諂媚主上的薛懷義

唐朝武則天掌權時代，有一個叫做馮小寶的人，他身材魁梧，力氣很大，在洛陽做買賣。先是被千金公主的侍女看上了，千金公主覺得他很不錯，就進宮對武則天說：「小寶有過人的才能，可以入宮當近侍。」武則天就召馮小寶進宮，十分寵愛他。

武則天想隱瞞馮小寶的來歷，方便他出入宮禁，就叫他出家為僧。剛好太平公主的駙馬姓薛名紹，就讓馮小寶做薛紹的叔父，改名薛懷義。他時常與當時有名的僧人出入宮中，念誦經書。因爲受到武則天的寵愛，身分顯赫，人們稱呼他爲薛師。

後來，薛懷義勸說武則天在洛陽城的西面修建白馬寺，他親自監督建造，等到寺廟建成，他就自己做了寺主。他倚仗武則天的恩寵恣意妄爲，手下的人犯了法，也沒有人敢指責。右臺御史馮思勖向武則天彈劾他，說：「薛懷義這個人不學無術，倚仗著太后的恩寵就縱容手下爲非作歹，請太后嚴懲他以正法紀。」武則天就把薛懷義召來，詢問他這件事，薛懷義說：「臣深受太后恩德得以時常出入宮禁，本是出身卑賤，難免受到有心人的嫌棄厭惡，故意栽贓嫁禍給臣，請太后千萬不要聽信別人的挑唆。」武則天就相信他的話，沒有責罰他。薛懷義知道是馮思勖彈劾他，對他懷恨在心，有一次在路上遇到了，就命侍從毆打他，差點打死他。馮思勖的親友爲他抱不平，說：「薛懷義這個人實在太可惡了，他靠著諂媚太后而得到恩寵，還縱容手下的人行兇，公然毆打朝廷大臣，眼中可還有王法嗎？」馮思勖悲痛的說：「奈何太后昏庸，寧可聽信小人的讒言，罔顧忠臣的諫言，我對此也是無可奈何啊！」

薛懷義爲了諂媚武則天，和法明等人僞造《大雲經》，說武則天是彌勒轉世，要做這個世界的主人，唐朝李氏應當衰微。武則天就順應天命，改唐朝爲周朝，封賞薛懷義和法明等人。那部僞造的《大雲經》就公布天下，命所有的寺廟都收藏一本。武則天將要改朝換代，大肆殺戮反對的李氏諸王，千金公主說些諂媚的話，只有她得以倖免。有人對千金公主說：「那部《大雲經》根本就是薛懷義等人僞造的，太后昏庸竟然信以爲眞，如今想要推翻唐朝，自立爲皇帝，公主爲何不規勸，反而要助紂爲虐？」千金公主說：「你懂甚麼！太后想要自立爲皇帝已經很久了，只是一直找不到藉口，現在薛懷義正好給她一個絕佳的藉口，太后豈會輕易放棄，如果我不順水推舟，反而像那些李唐諸王和大臣一樣，規勸反對，那麼下一個死的就是我了。」千金公主上疏，請求認武則天爲母親，因而更加受到恩寵，賜姓武氏。

薛懷義後來逐漸厭煩進宮，經常住在白馬寺中，挑選年輕力壯的百姓剃度爲僧。侍御史周矩懷疑他別有居心，想要謀反，就上奏彈劾他，武則天沒有允許。周矩堅持請求，說：「薛懷義只會諂媚君主，實際上並無作爲，他雖然看起來忠心，實際上卻是個奸臣，如果放任不管，如何面對天下百姓？」武則天就將這些僧人交給他查問，周矩奉命審問，最後查明實情，將這些僧人全都發配到邊遠的州縣。但後來周矩也被懷恨在心的薛懷義構陷，被武則天免官。

後來，御醫沈南璆得到武則天的寵幸，薛懷義逐漸失去恩寵，他變得更加囂張跋扈起來。有親信向武則天告發他，武則天大怒說：「他以前做的那些違法亂紀的事情，眞當朕不知道嗎？不過是看在他以往盡心服侍的份上，沒有予以計較罷了。既然他不知收斂，就派人看著他，不要讓他再出甚麼亂子。」於是命太平公主挑選十幾個力氣大的婦女，秘密提防他。不久，有人揭發薛懷義的陰謀，他就被太平公主手下的壯士綁起來縊死了。

人物

千金公主，唐高祖李淵之女，千金公主是她最初的封號。武周時期，被武則天收爲義女，賜姓武，改封安定公主。先後嫁給溫挺、鄭敬玄二人。千金公主雖然是李唐皇室的人，但她盡力討好武則天，薛懷義就是她獻給武則天的男寵。當武則天想要取代李唐改爲武周自己稱帝時，千金公主因爲討好武則天，而沒有受到誅殺。

釋評

有些臣子表面上看起來很忠心，他們凡事都迎合主上的心意，很懂得討主上歡心。然而有些君主昏庸愚昧，無法看清事情的眞相，以爲臣下順著自己的心意便是忠誠，殊不知這只是那些佞臣愚弄君主的手段。他們想方設法的討主上歡心，實際上是爲了取得更大的權勢，以鞏固自己的地位，進而獲得更多的利益。所以，在任用臣下時，要能分辨忠奸，不要被臣子表面的順從給蒙騙了。

薛懷義這個人原本是市井之徒，他靠著諂媚武則天獲得權勢，得到權勢以後又作威作福，四處欺壓官員。這樣的人是徹頭徹尾的奸佞，但因爲他們懂得討主上歡心，知道武則天想要稱帝，於是就僞造《大雲經》，說武則天是彌勒轉世，是上天認定的君主。武則天當然很高興，然而薛懷義此舉不過是迎合武則天的心意罷了，最終目的是要獲得更大的權勢，並非眞正的爲武則天盡忠效命。

名人佳句

諂媚小人，歡笑以贊善；面從之徒，拊節以稱功。

這句話出自晉代葛洪所撰的《抱朴子．外篇．疾謬》，意思是說：「諂媚的小人，表面上笑臉相迎歌功頌德；臉上服從之輩，附和他人稱頌君主的功德。」小人的本事就是逢迎拍馬，說些符合主上心意的話，討他們的歡心，以獲得更高的名利權勢。這樣阿諛奉承的小人，向來都是被人瞧不起的，因為他們可能並無真才實學，只是善於逢迎拍馬，討好主上，所以可以獲得崇高的權勢地位；而他們往往自恃自己的權位與主上的寵愛，欺壓那些忠義耿直的臣子。

原文

忠奸莫以言辨，善惡無以智分。

譯文

忠臣或奸臣無法透過言語來分辨，一個人的善惡無法透過智慧來區分。

事典

弒君的趙盾

趙盾是春秋時代晉國的大夫。當時，晉靈公暴虐無道，嚴苛賦稅，雕砌華美的牆壁；又喜歡在台上拿彈弓射人，覺得看人閃躲很有趣。

趙盾向晉靈公勸諫，說：「臣聽聞有過就要改，是值得嘉獎的事情。現今大王濫殺無辜，又向人民徵收過多的賦稅，已經導致民怨四起，如果大王再不知悔改，恐怕國家就要亡在您的手裡了。」晉靈公礙於趙盾是重臣，表面上敷衍他說：「寡人知道了，會改過的。」但心中對趙盾不滿，就派鉏麑暗中行刺。鉏麑早晨前往趙盾府邸行刺，看到趙盾穿著朝服準備上朝，時間還早，他坐在房中閉目養神。鉏麑見狀，不忍下手，說：「趙盾身爲臣子爲國盡忠效力，一早就起來準備上朝，凡事親力親爲，可堪滿朝文武的表率，殘殺如此忠臣，是不忠的行爲。違抗君主的命令，是背棄信義。既然如此兩難，我還不如一死以全忠信。」說完，鉏麑就撞槐樹而死。雖然刺殺沒有成功，但晉靈公仍未打消殺害趙盾的念頭。

有一次，晉靈公設宴款待趙盾，在暗處埋伏武士伺機要殺掉趙盾，被趙盾的隨從提彌明察覺了，就登上大廳說：「臣子侍奉君王飲宴，超過三杯，就逾越禮數了。」提彌明就將趙盾扶起，趁機帶他離去。晉靈公吹哨子，命狗去咬他。提彌明見狀，就把狗給殺了。趙盾知道晉靈公對他起了殺心，就說：「不命令人去刺殺，卻改命令狗，就算再勇猛又有甚麼用呢！」提彌明拚死相救，趙盾才得以逃出晉國國都。

趙盾把這件事對堂弟趙穿說了，趙穿很生氣，替他打抱不平，想要殺了晉靈公替趙盾洩憤。趙穿暗中計畫，在桃園殺了靈公。趙盾聽到晉靈公的死訊後回到都城，迎立公子黑臀爲君，即位爲晉成公。太史董狐就在史書上寫說：「趙盾殺了他的國君夷皋。」趙盾辯駁說殺晉靈公的是趙穿不是他。董狐說：「你是國家的重臣，勸諫國君而不聽。剛逃離晉國都城不久，晉靈公就被殺了。國君死了，你反而不去聲討罪犯，可見與刺殺的人志同道合，國君雖然不是你親手殺的，又與你親手殺的有何區別？」趙盾就說：「我自認忠君愛國，盡心盡力爲國效命，沒有做過半點違背良心的事情，可是晉靈公卻想要殺我，難道我不能夠自保嗎？我並未教唆趙穿行刺，現在趙穿弑君，卻把罪責算到我的頭上，這樣合理嗎？」董狐說：「一個臣子是否忠心，不是依靠他的三言兩語就能下定論，你雖然盡忠職守，也口口聲聲說你忠於國君，卻包庇殺人兇手，這難道是忠臣所應該有的行爲嗎？」趙盾被他反駁得啞口無言。

人物

趙盾，又稱趙宣子、趙孟。春秋時期晉國大夫。趙衰是他的父親。晉襄公薨逝，趙盾立晉襄公之子夷皋爲國君，是爲晉靈公。後來晉靈公殘暴不仁，不滿趙盾多次勸諫，屢次想要殺掉他。趙盾爲了自保逃出晉國都城，後來靈公被趙穿所殺。西元前六〇一年，趙盾病逝。

釋評

光是憑藉一個人的言論，不足以判定他是忠心還是叛逆，因爲人是會說謊僞裝的，即便是大奸大惡之徒，也可以裝作無辜良善。有些人擅長用言語嫁禍他人，以洗清自己的罪責，所以單純只是聽從一個人的片面之詞，是無法判定他內心眞實的想法。有些人雖然看起來很聰明，卻不代表他所作所爲都是良善的，有些奸惡之徒，也很聰明睿智，但他們不把聰明智慧用在正途。要判定一個人的善惡忠奸，不能憑著他表面的言論與耍一些小聰明就下定論，要考察他的實際行爲與言語是否一致，才能下定論。

趙盾雖然是個忠臣，但是趙穿刺殺晉靈公之後，他並沒有捉拿他，這便是包庇罪犯的行爲，所以董狐才會認爲雖然殺人的不是趙盾，但殺害國君的行爲也是趙盾默許的，這和趙盾親自誅殺沒有兩樣，所以董狐才在史書上寫「趙盾弒其君」的言論。趙盾被晉靈公在宴席上刺殺，心中一定是憤恨不平，即便他平時的表現是個忠臣，一旦起了殺心，即便沒有親自動手，也算是弒君犯上的臣子，所以評斷一個人的忠奸，很難以單一或者片面的行爲來下定論，畢竟沒有一個人是純粹的善或是純粹的惡。要求一個人，無論處在甚麼樣的情境之下，都保持著純粹的良善很困難，也是強人所難的，畢竟我們在遭受不公平待遇之下，還能夠保著良善，並不容易。

名人佳句

主有所善，臣從而譽之；主有所憎，臣因而毀之。

這句話出自戰國時代韓非所撰寫的《韓非子・姦劫弒臣》，意思是說：「君主有善舉，臣子就大加讚揚；君主討厭甚麼，臣下就順著他的意思去詆毀。」有些臣子會順著君主的意思去做，無論君主的所做所為是對是錯，只是一味諂媚討好，以獲得更大的權勢與利益。這樣的臣子表面上看似忠臣，實際上是奸臣，因為他們這麼做並不是為了忠君愛國，而是為了個人的私利。所以，我們要分辨臣子的忠奸，不應該只透過表面上的言論來判斷，應該從他的出發點來評判。

原文

謀逆先謀信也，信成則逆就。制逆先制心也，心服則逆止。主明奸匿，上莫怠焉。

譯文

想要謀反叛逆，首先要取得對方的信任，一旦取得信任之後叛逆就能獲得成功。制服叛逆的人先制伏他的心，他的心一旦順服就不會背叛。主上英明睿智則奸佞就會躲藏，所以在上位者不要疏於防範。

事典

王繼忠的忠誠

王繼忠是北宋人，宋眞宗趙恆尚未即位時，他就侍奉在趙恆的身邊，爲人公正謹愼、謙虛仁厚，被趙恆看重，深得他的信任。趙恆即位後，王繼忠屢次升遷爲殿前都虞候、領雲州觀察使，出爲深州副都部署，改鎭州、定州、高陽關三路鈐轄兼河北都轉運使，鎭望都。

西元一〇〇三年，契丹數萬騎兵南下進犯宋朝邊界，王繼忠與大將王超、桑贊等人率軍前往支援。王繼忠一到達就與契丹士兵戰鬥，不愼被敵軍截斷糧餉道路，王超、桑贊都害怕契丹軍隊，不敢前往支援。王繼忠與部下只能孤軍奮戰，最後不敵被俘虜。消息傳回京城，眞宗聽到這個消息後，以爲王繼忠已經戰死，十分悲痛，追贈他大同軍節度使，贈送財物給他的家人協助辦理喪事。

等到了景德初年，契丹請求議和，遼聖宗命王繼忠上奏章給宋眞宗，趙恆這時才知道他還活著，心裡非常高興。眞宗對親信大臣說：「朕原以爲繼忠慘遭不測，沒想到還活在世間，眞是值得慶賀。」親信大臣憂心的說：「這個消息雖然値得慶幸，但也讓人憂心。如今王繼忠投降遼國，若是洩露宋朝的軍事機密，反而幫助遼國攻打宋朝，那該怎麼辦呢？」眞宗很有信心的說：「愛卿不用擔心，繼忠爲人朕是信得過的，他並不是那種爲了名利權勢就出賣國家百姓的人，雖然他投降遼國爲契丹人做事，但是朕相信他的心始終是向著宋朝，絕對不會背叛朝廷的。」親信大臣說：「人心難測，陛下爲何如此有信心呢？」眞宗說：「別人朕不敢說，但是繼忠一定不會反叛，因爲他沒有謀逆反叛的動機。他與朕情誼深厚，況且在他被契丹俘虜之後，朕又厚待他的家人，他對朕必定是感恩戴德，這樣的人又怎麼會有反叛之心呢！只要讓他心悅誠服，就必然不會生出反叛的念頭，況且繼忠並非是那種爲了私人利益出賣祖國的人，因此朕料定他不會反叛。」於是宋眞宗就批准了王繼忠請求議和的建議，從此南北不再有戰事，這都是王繼忠的功勞。

宋朝每年都派使者前往契丹，必定會帶一些名貴的衣物、器具、醫藥給他，王繼忠每次見到使者都悲傷得落淚。王繼忠曾上奏希望眞宗能將他召回，眞宗因爲盟書內約定雙方休兵沒有附加的條件，不想改變盟約，就賜他詔書讓他明白皇帝的旨意。遼國皇帝對待王繼忠也很禮遇優待，賜名爲耶律顯忠，又改名耶律宗信。但王繼忠始終都沒有做出背叛宋朝的事情，反而對於維持契丹與宋朝和平這件事上，貢獻很大。

人物

王繼忠，北宋開封府（今河南省開封市）人。少年時在藩邸侍奉太子趙恆，後趙恆即位爲宋眞宗。遼兵南侵時，王繼忠率軍支援，與遼軍作戰不敵被俘。宋眞宗以爲王繼忠殉國，詔贈大同軍節度使。王繼忠受到遼國太后蕭綽賞識，授户部使。次年，澶淵之戰，遼聖宗命王繼忠上書宋眞宗，眞宗始知他尚在人世。王繼忠盡力促成遼國與北宋和議。遼聖宗加封他左武衛上將軍。開泰六年（西元一〇一七年），封楚王，賜姓耶律，賜名爲耶律顯忠，又改名耶律宗信。

釋評

想要謀劃悖逆反叛之事，首先要取得對方的信任，這樣能放鬆對方的警戒，謀反的計畫就容易成功了。誰也不會想到，昔日忠心耿耿的屬下，竟然包藏禍心，平時僞裝自己侍奉君主，等到君主對他推心置腹時，再一舉謀權篡位，取而代之。

想要制服那些包藏禍心的臣子，非但不應該對他心懷敵意，如此只會加深臣子的反叛報復之心。若是君主能做到寬容大度，包容那些有謀逆之心的臣子，非但不予以嚴懲，反而善待他和他的家人，這樣時間久了，臣子的心也逐漸能被感化，而對君主感恩戴德，如此他就不會再生悖逆之心了。因此，要馴服一個臣子，要先馴服他的心，只要徹底打消他反叛的念頭，那麼自然不會做出叛逆的行爲。

臣子都是投機取巧的，遇到英明睿智的君主，那些違法亂禁的臣子與歹人就只能躲藏起來，他們不敢明目張膽的作惡，怕稍有不愼就被君主發現他們所做的違法勾當。反之，若是遇到昏庸無能的君主，不但無法制止這些違法亂禁的臣子，反而有可能與他們同流合汙，一起貪贓枉法欺凌百姓，如此一來，奸佞之臣的氣焰就會更加囂張。

名人佳句

明主可以理奪，難以情求。

這句話出自劉宋臨川王劉義慶所編撰的《世說新語・賢媛》，意思是說：「賢明的君主可以據理力爭，卻不能動之以情。」賢明的君主重視法律制度，想要證明一個人的清白可以提出證據向明主證明，但若是一味求情，則會讓明主生厭，不但無法為那個人開脫，反而會使他受到更加嚴厲的刑罰。所以，英明的君主治理國家，那些想要走後門替罪犯求情的人就會求助無門，國家的吏治就能因此肅清，奸逆罪犯也無所遁形。

原文

成不足喜，尊者人的也。敗不足虞，庸者人恕耳。

譯文

成功不值得高興，地位尊崇的人容易成爲衆矢之的，失敗不足憂慮，平庸的人容易被人們寬恕。

事典

自恃有功的白起

白起是戰國期代秦國的猛將，擅長行軍打仗，侍奉秦昭王。他爲秦國攻下七十幾座城池，殲滅近百萬敵軍，被封爲武安君。昭王四十七年，秦國派王齕攻打趙國，趙國派勇將廉頗應戰，廉頗命人修建辟壘來防守，秦軍多次派人前去挑戰，廉頗都堅守營地而不肯出來。趙王以爲廉頗畏戰，多次責備廉頗。秦人忌憚廉頗，卻又無計可施，秦國宰相范雎就想出一個對策，他派人到趙國散布謠言說：「秦國最忌憚的就是趙括，現在趙國派廉頗來應戰，根本不足爲懼。」趙王原本就因爲廉頗領軍導致軍隊屢次傷亡，又加上他堅守不出，更加對他不滿，聽到這種謠言就立刻命趙括前往換掉廉頗。

秦國見反間計奏效，就派白起領軍爲主將，王齕爲副將，嚴禁軍中洩露白起領兵的消息。白起截斷了趙軍糧道，並且包圍趙軍，使趙軍無法得到糧食補給，他們已經四十六天沒得到糧食，士兵們爲了爭奪食物而互相殘殺，軍心渙散。趙括想要衝出重圍，就親自率兵作戰，卻被秦軍射殺。趙括殘餘部將都投降白起。白起說：「原本秦軍已經攻下韓國的上黨，上黨的百姓不想被秦國統治，所以前往投奔趙國。趙國原本爲保護上黨的百姓而與秦軍作戰，現在又因爲戰敗而投降，趙國如此反覆難以捉摸，如果接受了他們的投降，難保日後不會造反，爲了杜絕後患，還是殺掉爲好。」白起假裝接受趙軍的投降，暗中將他們活埋坑殺，只留下年紀小的士兵返回趙國報訊。這個消息震驚了趙國。

秦國打了勝仗，乘勢平定了上黨的叛亂，秦軍所到之處勢如破竹，趙國與韓國都很恐慌，深怕秦軍下一個目標就是自己，於是派蘇代前往秦國遊說宰相范睢說：「武安君白起擒殺了趙括嗎？」范睢回答說：「沒錯。」蘇代又問：「秦國即將出兵圍攻趙國邯鄲嗎？」范睢回答說：「也沒錯。」蘇代就說：「趙國一旦被攻下，秦王就要稱霸天下了，到時候白起必然位列三公。武安君替秦國立下顯赫的戰功，打下七十幾座城池，如此大的功勞秦國何人能與他相比？即便你是丞相，也要屈居在他之下，您能甘心嗎？」范睢說：「那您有甚麼好辦法呢？」蘇代說：「韓國和趙國不願做秦國的百姓，這點已經很明顯了，現在就算秦國滅了趙國，逃難的百姓只會跑到鄰近的國家去，秦國能得到的百姓也沒有多少了，與其如此，還不如慢慢割取韓國和趙國的土地，至少不要讓它們都變成白起的功勞。」范睢聽從蘇代的話，就去對秦王說：「秦國連番征戰，將士們都已經很疲勞了，不如讓趙國與韓國以割讓城池來換取和平。秦國不但能獲得土地，士兵們又能休養生息，一舉兩得。」秦王接受了范睢的提議，這件事傳到白起耳中，他很不高興的說：「范睢怕我的功勞太大，故意向秦王建言休兵，這是想要縮減我的權力啊！」從此他就和范睢產生嫌隙。

幾個月後，秦國再次發兵攻打邯鄲，這個時候白起剛好生病不能領軍，秦王就派王陵帶。王陵攻打邯鄲失利，白起的病痊癒後，秦王想要派他領兵出征。白起說：「邯鄲城易守難攻，更何況諸侯國不滿秦國已經很久了，他們派兵增援，對我們的進攻更加不利。秦國雖然在長平一役取得勝利，殺了趙括和他的部眾，但是我們的軍隊也很疲憊。此時，千里迢迢翻過黃河山脈去搶別人的國都，人家只要躲在城中抵禦，諸侯國的援軍在外面進攻，秦軍是不可能打勝仗的，臣請求不要再打仗了。」秦王不聽從白起的建議，堅持命他領兵出征，白起於是謊稱自己生病了，拒絕前往。

秦王就派王齕代替王陵領兵，圍攻邯鄲八、九個月也攻不下來，楚國派春申君和魏公子領兵攻打秦軍，秦軍不敵，軍心渙散，很多士兵偷偷逃跑。白起就幸災樂禍的說：「大王不聽從我的計策，現在吃敗仗了吧！」白起的親信聽到這番話，就很憂心的勸他說：「武安君雖然為秦國立下無數汗馬功勞，但正因爲功勞太大，已經引起丞相的不滿，若再不知收斂，氣焰太盛的話，恐怕會被有心人中傷，到時候您就要大禍臨頭了。」白起不聽他的話，依然態度強硬。剛好這番話傳到秦王耳中，他非常生氣，強迫徵用白起，白起不願領軍作戰，推說自己生病了。秦王更加惱怒，就削去他的爵位將他貶爲士兵，並且讓他遷到陰密。

白起動身離開咸陽城時，范雎擔心白起會東山再起，對他不利，就對秦王說：「白起以前戰功顯赫，目中無人，連大王您也不放在眼中，您多次派人命他領兵出征，他都敢謊稱生病抗命。現在讓他搬離咸陽城，他心中仍是氣憤不服氣，這樣的人若是留著他，難保將來不會造反。」秦王聽了很生氣，就派使者賜給白起一把劍，命他自盡。白起接過劍，抽出將要自刎時，很悲傷的說：「我到底做錯甚麼事情，老天爺要這樣懲罰我呢？」白起的親信說：「我以前曾經勸過您，不要依恃著自己的功勞，就目中無人。您就是不肯放低姿態，昔日顯赫的戰功反而成爲別人攻擊您的理由，落到這種地步，也是您咎由自取啊！」白起很悲傷的自殺了。

人物

白起，生年不詳，卒於西元前二五七年。戰國秦昭王時代名將，驍勇善戰，攻無不克，因爲戰功顯赫而被封爲武安君。白起與趙將趙括戰於長平獲勝，殺了趙括，並且坑殺趙國降卒四十萬人。白起與宰相范雎有嫌隙，之後秦王屢次徵召他出戰都稱病推託，惹怒秦王，先是被免除官職，後又被賜死。

釋評

成功人士的缺點就是容易驕矜自滿，以爲有功於國家、社稷，就是集所有榮耀、名利、權勢於一身，別人應該仰望他們的光環，依賴他們的保護。這樣的人往往容易招來別人的嫉妒，因爲沒有人願意做弱小那一個，永遠看著別人發光發熱，人都是希望自己可以享盡榮耀，以及獲得崇高的權勢與地位。一旦有人讓他們覺得自己處處不如別人，處於下風，那麼善於嫉妒的人，就會想盡辦法把耀眼的太陽給射下來。那些功勞很大的人就往往成爲靶子，他們因爲自恃己功，招人嫉妒怨恨而不自知，還爲了自己立下的功勞而沾沾自喜，禍患往往就在他們自鳴得意時降臨。所以，正確的處事態度是謙遜卑下，有才能固然是件好事，但不應該拿來炫耀；爲國家社稷立功是本份，不應該自以爲了不起，待人謙恭有禮，不要逢人就誇耀自己的豐功偉業，適時地去讚美別人，如此就不會引起別人的嫉妒之心，這才是明哲保身的最佳方法。

即便是才華洋溢、才能出眾的人，也會有判斷失誤的時候，而導致事情不如預期，造成失敗的結果，這時只要和上司低頭認錯，承認自己的過失，多半都會獲得原諒。最怕就是，明明因自己判斷失誤而導致失敗，卻死不認錯，把責任都推到別人身上，一味指責他人的過失。這樣的人會令人討厭，所以適當的放低姿態，反而能爲自己扳回一城，挽救因爲自己疏失而造成的錯誤。

名人佳句

聖人為而不恃，功成而不處，其不欲見賢。

這句話是春秋時代老子所說的，摘錄於《道德經．七十七章》，意思是說：「聖人能讓百姓安居樂業卻不依恃自己的功勞，不自以為才能出衆而誇耀於人前。」聖人將天下治理好，使百姓安居樂業，不自以為有功而居功自傲。聖人有治理天下的才能，卻不會常常對人炫耀，顯現自己的過人之處。只有不認為自己有功於天下，才能保住聖人的功勞；只有不顯現自己的才能，才是真正的有才幹。因為居功自傲與驕矜自滿的人，勢必引來別人的嫉妒與誹謗，即便有功於天下，有過人的才能，也無法得到天下人的認可。

奪心卷

眾心異，王者一。懾其魄，神鬼服。

君子難不喪志，釋其難改之。小人貴則氣盛，舉其污洩之。

窮堪固守，凶危不待也。察偽言真，惡不敢為。神褫之傷，愈明愈痛。

苛法無功，情柔堪畢焉。治人者必人治也，治非善哉。屈人者亦人屈也，屈弗恥矣。

原文

眾心異，王者一。懾其魄，神鬼服。

譯文

眾臣各懷異心，王者要令臣子絕對的服從，收起各懷鬼胎的心思。方法就是令臣下畏懼害怕，連鬼神都不敢不遵從。

事典

秦始皇對思想的箝制

秦始皇統一六國之後，在咸陽宮設宴，博士七十人都紛紛上前敬酒。僕射周青臣上前頌揚說：「陛下統一六國，開創前所未有的功業，日月照明之下沒有人不臣服。革除古代制度的弊病，不再將土地分封給諸侯，而改設郡縣，使人人都能安居樂業，開創沒有戰爭的盛世，流傳萬世。從古至今無人能比得上陛下的威德。」

秦始皇聽了很高興。博士淳于越進言說：「殷、周的君王在位時，分封子弟功臣來輔佐天子治理天下，這樣的制度已經流傳一千多年了。陛下雖然擁有天下，子弟卻是普通百姓，他們沒有爵位和土地，若是有反叛之臣，何人能替陛下監督平亂呢？臣以爲治理天下，想要長治久安，還是必須學習效法古人。現今陛下廢除分封諸侯的制度，另創新制，這不符合古法，周青臣表面上讚揚陛下的功德，卻誇大了陛下的過失，不是忠臣該有的表現。」

秦始皇就以此詢問眾臣的看法。丞相李斯說：「現今陛下治理天下的方法，與殷、周時代不同，並非刻意要改變，而是時代變了，政治制度也應該跟著革新。以前諸侯紛爭，所以需要招攬賢士來遊說諸侯，如今四海統一，天下安定，百姓就應該在家耕種，讀書人就應該學習法令。儒生應該以今人爲師，而非一味的效法古人而不知變通，還以古人的制度來非議現今的制度，禍亂百姓。這哪裡是儒生該有的作爲呢？」李斯又諫言說：「陛下已經統一天下，可是仍有讀書人以古人的典章制度，來非議當今朝廷所頒布的政令，天下臣民何其多，若是人人都以各自的學問來評判議論朝廷所頒布的法令，那麼政令無法施行，儒生還以標新立異爲高明，人人競相批評朝廷政令的缺失，那些儒生率領弟子製造謠言，這樣如果還不予以禁止的話，陛下頒布的政令難以統一，任何一個臣民百姓都能對朝廷的政令產生質疑，君王的威信何在？若是天下臣民紛紛效仿，何人還願忠於陛下？臣斗膽，請求陛下禁止百姓私自收藏《詩》、《書》和諸子百家的著作，凡是擁有這些書籍的百姓，都必須將書交出，由地方官員統一焚毀。違反者嚴重懲罰，凡是敢私下以古代的制度非議當今制度的人，都要滅族處死，官吏有知情不報者同罪。」秦始皇覺得李斯說得很有道理，便准許他的請求。

焚書令開始實施的第二年，很多儒生反對，坊間謠傳許多誹謗秦始皇的言論。秦始皇就說：「百姓如果可以私下非議君主的過失，質疑朕頒布的政令，那麼天下臣民誰還會服從朕的命令？這些妄言議論君主是非的人，應該嚴懲處死，這樣就沒有人再敢不服從朕頒布的命令了。」於是秦始皇查辦散布謠言、誹謗言論的人，一共查出有四百六十餘人，秦始皇就下令在咸陽將這些人坑殺。

人物

秦始皇，嬴姓，趙氏，名政。生於西元前二五九年，卒於西元前二一〇年，史稱秦王政或始皇帝。他自稱「始皇帝」，因爲他是中國歷史上第一個創建大一統帝國的皇帝。他廢除封建制度，改施行郡縣制度，不效仿先秦時代將土地分封給諸侯，而改設置郡縣，郡長和縣長由皇帝指派。他統一六國文字以及度量衡，讓天下百姓只學習一種文字和一種度量衡，就能走遍天下，不再受限於文字與度量衡不同所造成的困擾。秦始皇還修建長城，抵禦外敵，爲了消除反對聲浪與勢力，同意李斯的建議實施焚書與坑儒的暴政。秦始皇擔心六國遺民仍想要反叛，就沒收民間兵器。秦始皇五次巡遊天下，北逐匈奴，南征百越。他在西元前二一〇年時，死於巡遊途中。

釋評

古代的君王擁有絕對的權威，他們認爲君王的權力是上天所賦予的，所以臣民百姓必須對君王絕對服從，君王頒布的政令不容質疑，否則便是挑戰君王的威權。然而天下臣民百姓何其多，每個人所思所想皆有不同，如果任何一個百姓可以隨便質疑君王所頒布的政令，隨意的批評朝廷，那麼君王的威信將蕩然無存，所以古代君王爲了鞏固自己的威信，會制定嚴苛的法令，來嚴懲那些不服從號令的人，使得天下臣民不敢隨便議論朝廷，不敢公然質疑君王的權威，這是古代君權體制之下，對人民思想的箝制，也保證不會有人心生反叛，動搖朝廷的威信。

即便是限制言論與思想的自由，仍然有人不怕死想要鋌而走險反對君王，這時君王就要抓住人貪生怕死的缺點，制定嚴刑峻法，只要有人散布謠言，或者有謀反的意圖，必定抄家滅族。在如此嚴苛的法令之下，讓人民心中害怕，自然就不敢隨便說出毀謗君王的話，即便他的地位再崇高也是一樣，不敢隨便挑戰君王的威信。

李斯建議秦始皇焚書，目的是要箝制臣民的思想，不讓他們有機會讀到先秦時代諸子百家的書籍，就不會將先秦的制度和現今的郡縣制度做比較，沒有比較就不會用古代的舊制來非議當代的新制。這樣做的好處是，有利新制度的推行，且能鞏固秦始皇的權力地位，讓臣民百姓不敢隨便質疑新制。但即便如此，仍然有知識份子不服氣，越是箝制他們的思想自由，他們就越想要反抗。這些知識份子們，不但不怕死，反而變本加厲批評，指責焚書令的缺失與不公道，這麼做無疑是挑戰秦始皇的權威。秦始皇爲了鞏固自己的威信，便把誹謗的人全部抓起來並坑殺，用極端的手段讓天下人不敢任意非議朝廷。

名人佳句

儒以文亂法，俠以武犯禁。

這句話出自戰國時代韓非所撰寫的《韓非子．五蠹》，意思是說：「儒者寫文章非議國家所頒布的法令，俠客用武力去做違反朝廷所頒布的禁令。」對於君王來說，朝廷所頒布的法令具有權威性，是不容質疑的，一旦有質疑的言論產生，人民對於法令的信心就會動搖，而不再會有人服從朝廷所頒布的法令，這無疑是對君王權威的挑戰。

歷代君王為了消除反對的聲浪，都會某種程度的箝制思想，特別是那些知識份子，他們讀很多聖賢書，將聖賢說的話奉為行事的準則，時常以聖賢的話來規勸君王，甚至是反對君王的施政，因此對於維護君王威信的法家學者來說，儒生是散布毀謗朝廷言論的亂源，是要消除的對象。另外一個令君王頭疼的，則是武力勇猛的豪俠之輩，他們由於驍勇善戰，就會打著行俠仗義的名號公然觸犯朝廷的禁令，這無疑是挑戰君王的權威，是故也是君王想要剷除的對象之一。

原文

君子難不喪志，釋其難改之。小人貴則氣盛，舉其污洩之。

譯文

君子遇到困難不會喪失原有的志向，幫助他度過困境可以改變他的心志。小人地位顯貴就會心高氣傲，揭發他的弊端可以挫他的銳氣。

事典

被誣陷的岳飛

万俟卨是宋朝的官員，在他被任命為湖北轉運判官時，岳飛巡撫荊湖一帶，見到万俟卨卻沒有禮遇他。万俟卨很生氣，就對人說：「岳飛仗著抵禦金人有功，就可以目中無人，不把我放在眼裡，總有一天我要獲得更高的官職，到那個時候我要他為今日的無禮付出代價。」秦檜想要與金人和議，當時岳飛正在北伐抗金，連戰皆捷，情勢對金人非常不利。完顏兀朮寫信要秦檜促成與南宋的和議，秦檜極力說服高宗和議，朝中文武百官大致分爲主和和主戰兩派。万俟卨知道秦檜的心意，就對秦檜說：「打仗是勞民傷財的行爲，大人想要促使我朝與金朝和議，是爲了國家和百姓，奈何朝中文武百官並非人人都懂得您的苦心。」秦檜聽到這話很高興，就說：「我以前就聽說過你的才幹，只可惜你沒有遇到賞識你的大臣，替你在皇上面前舉薦。如果你能在和議這件事上，爭取到文武百官的支持，那麼我就在皇上面前，替你美言幾句，相信升官並非難事。」万俟卨原本就與岳飛有嫌隙，他聽到秦檜這番話，正中下懷，他就上書詆毀岳飛，並且替秦檜遊說主戰的官員轉而支持與金朝的和議。秦檜先後提拔他爲監察御史、右正言等官職。

當時秦檜要想收回岳飛麾下眾將的兵權，万俟卨就幫助他遊說朝中大臣。他四處打探大臣們的喜好，喜歡金銀珠寶、美女玉帛的，他就投其所好的贈送財寶美女賄賂他們；想要獲得高官厚祿的，他就讓他們加官晉爵，盡量滿足他們的欲望。至於那些不能賄賂拉攏的官員，他就蒐集他們的罪證，或者捏造罪狀彈劾他們，使那些官員不得不因害怕而附和秦檜的意見。万俟卨幫助秦檜捏造罪狀誣陷岳飛和他的兒子岳雲，一次不成，又以其他的罪名誣陷岳飛。最後岳飛父子都被處死，天下人都爲他們喊冤。凡是替岳飛喊冤，說他沒罪的大臣，都被万俟卨捏造狀造彈劾他們，導致忠臣良將先後被治罪。

南宋與金人達成和議後，万俟卨升爲參知政事，權力相當於宰相。這時的職權與秦檜不相上下，逐漸不把他放在眼中。有一次退朝後，秦檜坐在殿房中批閱皇上的聖旨，他往往讓與他關係好的大臣升官，官吏在紙的末尾蓋上了印呈上。他詢問万俟禼的意見，万俟禼說：「我沒有聽到皇上下達過這樣的旨意。」就拒絕觀看。秦檜對此事感到很生氣，認為万俟禼不把他放在眼裡，從此沒跟他說過一句話。

言官李文會上奏彈劾万俟禼，說：「万俟禼捏造罪狀誣陷忠臣，他又賄賂官員，做出大逆不道的事情，請陛下一定要嚴懲，挫挫他的銳氣，否則若是讓他繼續作威作福，那麼國家社稷就危險了。」高宗回答說：「万俟禼的罪行，朕也略有耳聞，確實也該懲治他一下，整肅吏治，否則人人都以為仗著自己有功於朝廷，就可以目無法紀、貪贓枉法了。」万俟禼聽到這個消息後，就請求離職。高宗只是命令他出首都外，秦檜知道此事後，非常不高興。有大臣對高宗的判決提出異議，万俟禼就被罷免官職，不久就被貶官到歸州。

人物

万俟禼，複姓万俟，字元忠，一作元中，生於西元一〇八三年，卒於西元一一五七年。宋代開封府陽武（今河南原陽）人。万俟禼與岳飛有私怨，後來受秦檜唆使，上一道奏章給高宗，捏造岳飛許多罪名，最後導致岳飛被高宗處死。南宋與金朝和議成功，他被授予參知政事，成為宰相之一。他與秦檜爭權，後被罷免。秦檜死後，宋高宗又將他召回，授予官職。西元一一五六年，又恢復他參知政事的職務。最後病逝，諡號忠靖。

釋評

君子即使處在貧賤的境地中，依然不會改變其節操，但若是在他們困難的時候，適時的伸以援手，他們爲了報恩就會改變原有的處世原則，這是收服君子爲己所用的最佳辦法。

小人一旦獲得名利權勢，就會心高氣傲、目中無人，爲了一己私慾，不惜出賣朋友，甚至犧牲國家的利益。想要打壓他們，就要蒐集他們的罪證，揭發他們的罪行，讓世人都知道他們僞善的面孔。當他們的身分地位降低時，他們就無法再禍害別人，這是打壓小人的絕佳辦法。然而小人並不會從失敗中學到教訓，一旦讓他們有機會重掌權勢，以往檢舉他們的忠臣，必定最先遭到迫害，所以若想要打壓小人，最好讓他們永無翻身機會。

名人佳句

小人不能忍小忿之故，終有赫赫之敗辱。

這句話是魏初劉卲所說的，摘錄自《人物志》：「小人因為無法忍受小的怨恨，所以終將受到慘痛的失敗與侮辱。」小人睚眥必報，只要稍微得罪他，即使再小的怨恨他也會記在心裡，等到他獲得更高的權勢與地位，就會伺機報復。這樣做雖然可以逞一時之快，卻也因此而與別人結下仇怨，若是為了報仇而故意構陷詆毀對方，觸犯法律，終將受到法律制裁，到時候不僅失去權勢地位，甚至連性命也會賠上。

原文

窮堪固守，凶危不待也。察僞言眞，惡不敢爲。

譯文

窮困時可以堅守心志，危險時則刻不容緩。察覺對方言論的眞僞，使惡人不敢輕舉妄動。

事典

顏眞卿的危急變通

顏眞卿是唐朝人，年少時勤奮好學，在文章上頗有造詣，特別擅長書法。他侍奉父母很孝順，爲人正直不向小人屈服。他擔任監察御史，充當河西隴右軍試覆屯交兵使時，五原地區有冤案，地方縣令長久無法決斷，顏眞卿到這裡沒多久，立刻就將這個案子查清。剛好這個地方鬧旱災，案情剛剛裁決，上天就下起雨來，人們都說這是因爲顏眞卿明察秋毫的緣故，就稱這場雨爲

「御史雨」。後來又充任河東朔方試覆屯交兵使，有個叫鄭延祚的人，母親死了二十九年，遲遲不下葬，把靈柩停在寺廟裡，顏眞卿揭發此事，兄弟倆三十年不被任用。

顏眞卿爲官清廉，頗有政聲，陸續升任殿中侍御史、東都畿採訪判官，轉侍御史、武部員外郎。楊國忠想要拉攏顏眞卿，卻被他拒絕，顏眞卿說：「我爲官不求加官晉爵、高官厚祿，只求無愧於心而已。我寧可一輩子窮困潦倒，也不屑與小人爲伍。」楊國忠很生氣，就將他貶出京城，任平原太守。

後來，安祿山逐漸顯露出反叛之心，顏眞卿覺得他不久就會起兵造反，於是預先修築城牆，暗中調查可徵調作戰的壯丁人數，以及儲備糧倉。顏眞卿做這些事情時，故意和文人雅士集會，飲酒賦詩，在城外湖上泛舟，想讓安祿山放鬆戒心，而忽略他暗中防禦的事情。安祿山也被其所惑，覺得他就是一個文人，沒有把他放在心上。

不久，安祿山果然起兵叛變，河朔地區全都被安祿山的兵馬攻佔了，只有顏眞卿鎮守的平原郡得以倖免，顏眞卿派司兵參軍李平將這件事上奏朝廷。玄宗聽說安祿山反叛，嘆氣說：「河北二十四郡全都投降安祿山了，難道他們之中一個忠臣都沒有嗎？」李平晉見皇帝，將顏眞卿成功抵禦反賊入侵的事情稟奏，玄宗很高興的說：「想不到顏眞卿一介文人竟然能有這樣的軍事才能？」

安祿山攻陷洛陽後，殺掉三個朝廷的官員，派人把他們的首級拿到河北示眾。顏眞卿恐怕人心動搖，自亂陣腳，就對諸位將領說：「這三個人我認識，這幾個首級都不是他們。」於是將安祿山派來的使者腰斬。顏眞卿的親信對他說：「這三個人的首級明明就是他們本人無誤，大人爲何當著將領與百姓的面說謊呢？」顏眞卿說：「說謊騙人雖然有違君子之道，但現在情勢危急，河北各地都已經淪陷，只剩我們平原郡還沒有投降，如果此時讓將領與百姓知道洛陽已被攻佔，恐怕他們心中會更加害怕，無心守城，那麼下一個淪陷的就是我們自己了。我不得已才出此下策。」幾天後，顏眞卿才將這三個人的首級取出，戴上冠飾，用稻草接續肢體，入棺厚葬，設靈位祭拜。

人物

顏眞卿，字清臣，唐代臨沂人。生於西元七〇八年，卒於西元七八四年。以書法聞名於世，與柳公權並稱顏柳。玄宗時出任平原太守，安祿山叛變，他堅守平原郡不投降，又聯合各地兵馬起兵反抗。肅宗即位後，升遷爲刑部尚書，封魯郡公。德宗時李希烈謀反，顏眞卿受命前往勸降，起初受李希烈禮遇，後被縊殺，卒贈司徒，謚文忠。後人輯有《顏魯公文集》。

釋評

一個人處在貧困的境地，想要堅持自己的心志，不因爲貧窮卑賤而巧言令色諂媚他人，也不會因爲貧窮就向人搖尾乞憐，但凡有廉潔操守的君子都很容易做到這一點。但若是遇到性命攸關的事情，雖然是爲了大局著想，卻有時也不得不違背原則，做一些鋌而走險的事情，因爲危險是迫在眉睫、刻不容緩的，若是堅持以往的原則會令自身，甚至是許多人一起賠上性命，並不划算。

想要察覺敵人眞正的意圖，就要識破他語言的僞裝。對於那種能言善道，擅長以語言來動搖對方心志的敵人，不可只憑他的片面之詞，就輕易相信他。必須經過查證，證實他所說的話的眞假，才能做進一步的判斷，若是輕易地相信他，被他的花言巧語所迷惑，就會掉入敵人的陷阱之中而不自知。

名人佳句

好古守經者，患在不變。

這句話出自唐代馬總編撰的《意林》，意思是說：「遵守古訓，遵守經義不敢絲毫違背的人，最大的隱患就是不知道變通。」許多君子都只知行為要符合禮義，行為舉止不敢有絲毫懈怠，這樣的人在貧窮的時候，固然能夠堅守其心志，而不受到外在物質的引誘，而失了本心。然而在國家有危難的時候，他們往往不知變通，被禮義給束縛住，還會平白無故失去性命。顏真卿平時志向堅定，然而到了安祿山反叛這樣危急的時候，他能不拘小節的靈活變通，雖然說話欺騙有違君子之道，卻能鼓舞士氣、安定民心，讓反賊無法得逞。

原文

神褫之傷，愈明愈痛。苛法無功，情柔堪畢焉。

譯文

精神遭受迫害所造成的創傷，心思越清明的人就越痛。嚴刑峻法對於箝制人心沒有成效，以柔情安撫可以收攏人心。

事典

朱元璋的懷柔政策

明太祖朱元璋即位後第三年，徐達大敗元軍。元朝皇帝在應昌逝世，繼位的元昭宗向北逃跑，他的兒子買的里八剌被明軍俘虜。買的里八剌被押送到京城時，群臣都請求朱元璋將他殺了以祭宗廟社稷。朱元璋說：「朕剛登基沒多久，天下尚未平定，元朝也還沒完全滅亡，若是將擒來的俘虜，隨意的殺了，必定引來元朝君臣百姓的憤怒，到時候他們若是激烈的反抗，恐怕對我軍來說也未必是一件好事。再說，歷朝推翻暴政的君王，都沒做過這樣的事情，朕若是做了，豈不是讓天下百姓笑話。」有大臣說：「元朝在位時，對待漢人暴虐，現在擒到俘虜，若不能殺之以洩憤，恐怕難平百姓之心。」朱元璋說：「元朝之所以被推翻，就是因爲他們苛待漢人，我們現在如果把元朝的俘虜殺了，和元朝又有甚麼分別？殘酷的法令，並不能令人心屈服；反之，如果我們善待買的里八剌，若他有朝一日繼位爲元朝君主，或許會念在朕待他寬宏大量的份上，不與明朝爲敵也說不定。」朱元璋不顧群臣的反對，非但沒有殺了買的里八剌，反而封他爲崇禮侯。幾年後，就將買的里八剌送回北元。

人物

買的里八剌，生於西元一三六二年，卒年不詳。元順帝（惠宗）妥歡帖穆爾的孫子，元昭宗愛猷識理達臘的兒子。他的祖父元順帝逝世後，被被明軍俘虜，明太祖朱元璋封爲崇禮侯，賜給宅第。西元一三七四年，朱元璋將買的里八剌送還北元，招諭修好。

釋評

肉體上的傷痛與精神上的創傷相比，前者較易忍耐，而後者是一種精神上的折磨，這種折磨對於那些能洞徹事情眞相的人來說，痛苦往往是加倍的。因爲肉體上的疼痛，時間久了身體會對疼痛產生麻痺，習慣疼痛之後，疼痛的感覺就會減輕。然而精神上的創傷，只要一想起來那種痛苦就會重新感受一次，而且每次回想會造成精神上的緊張與恐懼，由此帶來的痛苦自然也會加倍。如果是愚笨的人，尚且能自欺欺人，自我麻痺，自我欺騙事情並沒有這麼嚴重；可是對於聰明的人來說，因爲他們比一般人更能夠深思熟慮，洞悉事情的眞相，因而無法自我欺騙，這也就是爲甚麼清醒的人比昏沉的人更加痛苦。

嚴刑峻法無法令人心悅誠服，反而會加深仇恨，讓人民反抗之心更加堅定；但若是以懷柔的政策來安撫他們，動之以情，曉之以理，人心都是肉做的，久而久之也會被打動。所以懷柔政策遠比嚴刑峻法更加有效，也更能收買人心。

名人佳句

嚴刑峻法，不可久也。

這句話摘錄自漢朝桓寬編撰的《鹽鐵論．詔聖》，意思是說：「嚴厲的刑法，不可以長久的實施。」嚴刑峻法固然能收一時之效，能讓那些作奸犯科、違法亂禁的人有所警惕，而不敢任意妄為。然而大多數的百姓都是奉公守法之人，長期實施嚴厲的刑法，稍微觸犯法令就惹來殺身之禍，久而久之人心惶惶不安，將成社會的亂源所在。所以，英明的領導者，懂得恩威並施，賞罰分明，如此才能得到民心。

原文

治人者必人治也，治非善哉。屈人者亦人屈也，屈弗恥矣。

譯文

懲處別人的人必定也會被人懲處，懲處不是好的辦法。屈服別人的人，別人也會屈服他，屈服並不恥辱。

事典

要去拯救衛君的顏回

孔子的弟子顏回有一次去見孔子，說將要遠行。孔子就問他說：「你要去哪裡呢？」顏回答：「要去衛國。」孔子又問：「去衛國做甚麼？」顏回說：「我聽說衛國國君蒯聵正值壯年，兇殘暴虐，荒淫無道，不聽忠臣的諫言，隨便的殺戮百姓，死的人不計其數。他看不到自己的過錯，我要去拯救衛國。我曾聽夫子說過：『當醫生的職責就是要救治病患。』我現在看到衛君不懂得治理國家，也不懂得善待百姓，導致爲國政治荒廢，百姓苦不堪言，所以我要前往去拯救他們。」

孔子說：「如果你是抱著這種心態前往，你一定會受到刑罰。」顏回問：「爲甚麼呢？」孔子說：「我且問你，爲甚麼你覺得衛君做錯了呢？」顏回說：「因爲他不行仁義，沒有以仁政治理國家。」孔子說：「你現在跑去告訴衛君，說他做錯的原因是沒有以仁義治理國家，你這是強迫他接受你的觀點，可是衛君並不覺得他自己有錯，你偏偏要用仁義的標準去審視他，說他做錯了。衛君蒯聵在衛國擁有絕對的權力，況且一個暴虐無道的人，必定獨斷獨行，很難接納忠言，你當面指責他做錯了，要他反省自己的過失，就是等於要他承認自己錯誤，對於一個高傲自負的人來說，你要他承認錯誤等於是懲罰他。凡是懲處別人的人，必定會受到他人的懲處，你說他不對，他不但不會去檢討自己，反而覺得你才你帶給他災難的人，覺得有錯的是你，所以他一定會懲處你。」顏回就問：「那應該要怎麼做才好呢？」孔子說：「身處亂世，首先要想的是如何明哲保身，而不是只看到對方的缺點，強迫對方改過。面對衛君這種自以爲是、殘暴不仁的君主，不能以仁義教化他，否則你的下場會像是勸諫紂王的比干一樣，爲了勸諫紂王而丟了自己的性命。你要鬆開對仁義的執著，試著站在衛君的立場去替他設想，慢慢的循循善誘，或許能夠感化他。」

顏回聽從孔子的教誨，前往衛國，見到衛君並沒有以仁義勸說他。有一次，衛君飲宴邀請顏回，衛君說：「寡人喜歡飲酒。」顏回說：「正巧臣也會喝一點。」他就應酬衛君喝了幾杯，衛君見他能喝就很高興，兩人在宴席上相談甚歡，顏回還趁機告訴衛君一些治國之道，衛君也都欣然接受了。

後來，有親近的大臣問顏回說：「我記得你平時是不喝酒的，爲甚麼那天酒宴，不推辭反而要和大王一起飲酒呢？」顏回說：「如果告訴衛君我不喝酒，那麼衛君一定會討厭我，他會覺得我自命清高，以爲自己所作所爲才是正確的，就算我沒有當面指責衛君行爲的缺失，他也會以爲我故意要給他難堪，日後我再獻上治國方針，衛君都不可能採用了。還不如投其所好的應酬他，衛君就會覺得我和他是同一種人，之後就比較願意採納我的治國方針，這樣既能不得罪大王，保全我的性命，也能令他採納我的政見，這樣一舉兩得的事情，何樂而不爲呢？」

人物

蒯聵，生年不詳，卒於西元前四七八年。姬姓，名蒯聵，是春秋諸侯國衛國君主之一。他是庶出，因謀害衛靈公的正妻南子事情敗露，就逃到晉國依附趙簡子。後來蒯聵回衛國奪回政權，是爲衛後莊公。他被晉國趙簡子討伐，廢了國君之位，改立公孫班師。不久，衛後莊公又回國從班師手裡奪回政權。最後被己姓之戎所殺。

釋評

對於暴虐無道的君主來說，他們順從著自己的欲望行事，只知享樂而不顧百姓的死活，並不覺得這樣做是錯誤的，但他人從道德的觀點，卻覺得這樣做是不道德的，因而對殘暴的君主進行勸諫。然而，一個人要改過，首先要知道自己做錯事，否則就算全世界都說他錯了，他仍然覺得自己是對的。對於暴君來說，那些指責他做錯事的臣子，就是想要讓他承認自己的錯誤並進而改過，對於一國之君來說無疑是一種懲罰，對他們尊嚴與榮耀的踐踏。

高高在上的君主，一旦承認自己的錯誤，尊嚴將蕩然無存，爲了維護自尊，即便意識到自己的行爲有所缺失，也不會願意改進，反而會指責那些勸諫他改過的臣子。因此想要一個人改過自新，一味的指責他的錯誤，並不是好的辦法，這樣做只會讓他怨恨那個指責他的人，甚至會想要懲罰他。如此便與人結怨，自己也陷入隨時會被報復的窘境之中。眞正的智者應該懂得循循善誘，不要直接指出對方的錯誤，投其所好的接近他，讓對方覺得你是他的朋友而非敵人，這樣你提出的意見他也會欣然接受，會減低他的排斥心理。

放下自己的尊嚴屈服他人，需要很大的勇氣，有的時候我們被迫必須屈服才能保全性命。爲了大局犧牲的人，是會令別人敬佩的，別人不但不會看不起他，反而會對他更加敬重，自然願意屈服於他。

名人佳句

菑人者，人必反菑之。

這句話是戰國時代的莊周所說的，摘錄自《莊子．人間世》，這句話的意思是說：「帶給別人災難的人，別人一定會將災難還給你。」

甚麼是帶給別人災難的人呢？就是那些將自己認可的觀點，強迫別人接受，用這些價值觀念來評斷對方的所作所為，符合的就讚揚他，不符合的就指責他。然而，每個人的價值觀都不一樣，如何保證你的價值觀一定是正確的，而不符合你主張的價值標準就是錯誤的？是非對錯，其實只是一種價值評斷而已，善惡美醜等這些價值標準，都是相對的而非絕對。若是將自己認可的價值觀點，作為評斷對方行事對錯的行為準則，這樣的人就是災人，因為對方不一定認同，若是對方不認同就覺得你在羞辱他、指責他，那個人就會心懷怨恨，尋到適當的時機就會來對付你。所以，不想要大禍臨頭的最好辦法，就是不要當帶給別人災難的人，否則災難必定會找上門來。

警心卷

知世而後存焉。識人而後幸焉。

天警人者，示以災也。神警人者，示以禍也。人警人者，示以怨也。

畏懲勿誡，語不足矣。有悔莫罰，責於心乎。勢強自威，人弱自慚耳。

變不可測，小戒大安也。意可曲之，言虛實利也。

原文

知世而後存焉。識人而後幸焉。

譯文

了解世態人情才能保全自身。認識人的善惡才能在社會鬥爭中獲得倖免。

事典

主張廢儲的段元妃

慕容寶是五胡十六國後燕君主慕容垂的兒子，他剛開始被立爲太子的時候勵精圖治，後來就鬆懈怠惰，沉迷於享樂之中，宮內外對他都感到很失望。

後段后段元妃就對慕容垂說：「以太子的性格，他若是生在太平盛世，可以當一名守成的君主；可如今國家處在危難之中，恐怕無法拯救黎民百姓。遼西王慕容農和高陽王慕容隆，他們與太子相比更為賢能，陛下不如在他們二人之中選擇一人為儲君，將大業交託給他。趙王慕容麟生性奸詐陰險，剛愎自用，太子又與他走得很近，正所謂『近朱者赤，近墨者黑』，若是放任不管，他日必成國家大患，陛下要早做打算。」

慕容垂說：「朕覺得太子很賢能，也沒有甚麼過失，貿然改立儲君反而會使國家大亂。難道你想讓朕當晉獻公嗎？那種因為寵愛美人就改立儲君的昏君。」段元妃覺得很委屈，就哭著退了出去。她將這番話告訴妹妹范陽王妃說：「太子非是繼承君位的絕佳人選，這是天下都知道的事情，我憂心國家社稷才向陛下進言，他卻指責我是驪姬，妄圖干預朝政，這種吃力不討好的事情，我又何苦去做？我看太子若是繼承君位，國家必定毀在他的手裡，范陽王慕容德氣宇非凡，比他更適合當君主。」這番話被范陽王妃身邊的宮女給聽到，她一向與太子走得近，就將這番話告知慕容寶。慕容寶起初不信，說：「我雖非後段后所生，但也算是她的兒子，哪有母親詆毀自己兒子的？」宮女說：「殿下有所不知，這世上本是人心險惡，親生父母為了利益殺害子女的屢見不鮮，更何況殿下並非是後段后的親生兒子。後段后對您早有所不滿，這是人盡皆知的事情，殿下莫要輕信於人，如果再坐以待斃，恐怕東宮就要易主了。」慕容寶就將此事告訴慕容麟，慕容麟聽了也很生氣，兩兄弟就對段元妃懷恨在心。

慕容垂死後，慕容寶即位，還為了從前的事情耿耿於懷，就讓慕容麟對段元妃說：「以前陛下還是太子的時候，太后就常說陛下無法守住先人所開創的功業，如今他已經繼承大統，太后您又有何話說？沒想到您的心思如此歹毒，竟在先皇面前中傷陛下。」段元妃說：「我不過就事論事罷了，這世上本就爾虞我詐，自古以來帝王之家爲了爭權奪利，殘害兄弟手足之事屢見不鮮，況且我是爲了國家社稷，並無私心，你們兄弟不該如此誤解我。」

慕容麟說：「您原本就看我們兄弟不順眼，說沒有私心誰會相信？剛才您自己也說了，世上的人都是爲了自己的利益著想，您既然曾經說過這種大逆不道，詆毀當今聖上的話，還不如早點自盡，以保全段氏全族，否則你們段家就要大難臨頭了。」段元妃憤怒的說：「你們兄弟連自己的母后都能逼殺，這樣不孝的人難道還能長久坐在皇位上嗎？我哪裡是愛惜性命，只恐怕國家不久就要葬送在你們兄弟手裡了。」段元妃於是自殺。

慕容寶昭告天下說：「後段后曾經慫恿先皇廢儲，身爲母后卻想要謀害兒子，這種沒有品德的婦人，不適合替她舉辦喪禮。」群臣沒有一個敢提出異議的，只有中書令眭邃就說：「當兒子的哪有不認母親的道理，就算後段后曾經提議廢黜太子，以人倫禮法來說，她仍是陛下您的母后，聽聞漢朝時，安思閻皇后親自廢了順帝，死後都還能進太廟接受供奉，更何況先皇后不過是說了幾句話，是眞是假尚未可知，陛下就以此定奪她的罪，也未免太過武斷。」慕容寶聽從他的話，才爲後段后舉辦喪禮。

人物

段元妃，姓段，字元妃。後燕皇帝慕容垂的皇后，又稱後段后。她是段儀的大女兒，嫁給慕容垂爲繼室。妹妹段季妃則嫁給慕容垂的弟弟慕容德，成爲范陽王妃。段元妃生了兩個兒子，渤海王慕容朗和博陵王慕容鑒。段元妃因認爲慕容寶沒有治世之才，所以向慕容垂建議改立儲君，慕容垂並沒有採納她的計策。這件事情被慕容寶和慕容麟知道，慕容寶即位後，爲了報復逼段元妃自殺。

釋評

世態人情往往是殘酷的，每個人爲了自己的利益，不惜損害別人的利益，即使最親近的父母、兄弟、朋友也是如此，所以不要輕易的相信別人，否則將會掉入別人的陷阱當中。有些人表面上與你稱兄道弟，一旦遇到與自身利益有關的事情，就會毫不留情的出賣你。即便是再親近的人，都不可以完全信任他們。尤其是生在帝王家，爲了爭權奪利，手足相殘之事屢見不鮮，因此，防人之心不可無，是處世的不二法門。唯有提防別人，才能夠保全自身，不被別人所害。

想要知道身邊的人是否値得信任，首先要能夠鑑識人的善惡，擁有這種能力之後，才能夠準確的了解人的善惡。才知道對方是否値得信任，否則若是遇到良善的人，因爲無端的猜疑而任他覺得自己不被信任，傷心失望的離去；若是遇到惡人，卻又死心塌地的相信他，卻被他出賣，會導致這樣的結果都是因爲不懂得鑑別人之善惡的緣故。

名人佳句

人之性也善惡混。修其善則為善人，修其惡則為惡人。

這句話是西漢時代的揚雄說的，摘錄自《揚雄法言．修身卷第三》，意思是說：「人的本性善惡相混，修養培育善的一面的人，就會成為善人；修養培育惡的一面的人，就會成為惡人。」

人的性情本就是有善有惡，懂得鑑別人的善惡很重要，了解一個人的本質是善還是惡的，就可以知道這個人是否值得信賴，還是需要提防。若是鑑別判斷錯誤，誤信了小人，又誤解了君子，那麼就會陷自身於危難之中。因此，準確的鑑別一個人的善惡，是保全自身最好的方法。

原文

天警人者，示以災也。

譯文

上天警告人的方法，是以災禍警示。

事典

漢順帝的孝心

西漢順帝劉保（正式謚號爲孝順皇帝），他的生母是宮人李氏，父親是安帝劉祜（正式謚號爲孝安皇帝），安帝很寵愛安思閻皇后，閻皇后妒嫉皇帝寵幸其他嬪妃，就毒死了劉保的母親。劉保長大後，被封爲皇太子，當時朝政都掌控在閻氏的手中，閻皇后不喜歡劉保，就和她的黨羽誣陷劉保，安帝對皇后的話言聽計從，就把他降爲濟陰王。

安帝駕崩後，閻皇后成爲太后，她想要長久的獨攬朝政，欲立年幼的皇帝，她和兄長閻顯謀劃，迎接北鄉侯劉懿入宮，立他爲皇帝。劉懿剛登基不久，就染上重病，閻太后的黨羽江京和閻顯密謀，江京說：「北鄉侯病得很重，看來時日無多，國家繼承人的事情要早做打算。眾多皇子之中，劉保最有資格繼位，但我們先前沒有立他當皇帝，他必然懷恨在心，將來若是親政恐怕對閻氏不利。不如從皇室的其他王子中挑選繼承的人選。」閻顯覺得他說的很有道理。等到劉懿過世後，江京就把他的看法稟告太后，太后也同意他的看法，就徵調濟北王翰河閒王的兒子入京，他們還沒有抵達京城，江京就被宦官孫程所殺，孫程等人擁立濟陰王劉保爲天子，即位爲順帝。尚書令劉光上奏說：「孝安皇帝去世後，陛下乃正統血脈，應當繼承大統，奸佞小人，妄圖擾亂朝政，讓群臣大失所望。昨日京師和郡國發生大地震，此乃上天以天災示警，警告那些擾亂朝政的奸佞小人，請陛下順應天意，懲治那些別有居心的人。」順帝說：「只有和太后走得近的大臣閻顯和江京當誅，其餘大臣就寬恕他們的罪過吧！」

閻太后的黨羽被肅清之後，議郎陳禪就上奏說：「太后鴆殺陛下的生母，又向孝安順帝進讒言，廢黜陛下皇太子之位，可見與陛下並無母子的恩情。況且太后妄圖獨攬朝政，這是失德的行爲。昔日鄭莊公的母親武姜，幫助她的小兒子段，反叛鄭莊公，鄭莊公便誓言與他的母親不到黃泉不再相見。陛下應當效法鄭莊公，將太后遷徙至他處，這輩子都不再相見。」順帝就說：「雖然閻太后有失德之處，但她名義上畢竟是朕的母后，將太后幽禁在離宮之中，天下人都會非議朕的不孝。況且，自孝安皇帝即位以來，天災不斷，這是君王失德的象徵，這才有了閻氏專權擾亂朝綱的事情發生。朕甫剛登基，斷不能重蹈覆轍，否則必然觸怒上天，再次降災於民。」

有大臣上奏說：「陛下說得很對，將太后幽禁在離宮，若是她心中愁悶而罹患疾病，天下人只會說陛下不孝失德，把過錯都推到陛下身上。不如仍然奉養太后，讓她安享天年，順從天下民心，這樣的做法才是順應天意。」順帝就拒絕了廢太后的提議，仍尊奉閻太后直到她去世。

人物

漢順帝劉保，東漢第八位皇帝，生於西元一一五年，卒於西元一四四年。他是漢安帝和宮女李氏所生的兒子。劉保自幼刻苦讀書，深得鄧太后賞識，認爲他擁有治理天下才能。永寧元年（西元一二〇年），劉保由於是漢安帝唯一的兒子，遂被立爲皇太子。後劉保被閻皇后的黨羽構陷，廢除皇太子之位，降爲濟陰王。安帝死後，閻太后扶持年幼的皇帝繼續掌權，後來幼帝病死，宦官擁立劉保即位，是爲孝順皇帝。閻太后的黨羽全被誅殺，有大臣提議要廢太后，卻被順帝拒絕，仍尊奉太后直到她過世。

釋評

古人認爲天是有意志的，所以當君主昏庸無道的時候，上天就會頻頻以天災示警。事實上，一個昏庸無能的君主，若是耽溺於自己享樂，全然不顧百姓的死活，當天災來臨的時候，沒有第一時間去救濟災民，導致天災造成的災難加劇，使得民不聊生。人民往往把這種苦難，歸咎於君王無道，等到人民承受不了時，就會揭竿起義，這時天災就會被說成是上天爲了警示君主，而降下的災害，這當然是一種穿鑿附會的說法，卻也能反映民心的歸向。

漢安帝與漢順帝在位的時候，天災不斷，固然是一種自然現象。然而西漢末年宦官與外戚專權，擾亂朝政，政治開始走向衰敗，天災也某種程度反映了國家衰弱的趨勢，若是君王選擇忽視天災，那麼國家的滅亡就會成爲必然的結果。

名人佳句

天不言，以行與事示之而已矣。

這句話是戰國時代孟子所說的，摘錄自《孟子．萬章上》，意思是說：「上天不會說話，用行為和事件昭示人們而已。」自古以為君王都覺得自己的權力是上天賦予的，事實上如果君王昏庸無道，那麼上天也會予以警告，上天表達意自己意見的方式不是透過語言，而是透過天災或者是藉由某個明主來推翻昏庸的舊主，這就是上天表達自己意見的方式。所以，不要小看天災，很有可能是上天的警告，如果人們繼續我行我素，那麼災禍就離我們不遠了。

原文

神警人者，示以禍也。

譯文

神祇警惕人的方法，是以禍亂警示。

事典

荒淫的陳靈公

春秋時代有個美女叫做夏姬，她長得美貌絕倫，她先嫁給陳國大夫御叔，御叔卻很早就過世，她生了一個兒子名喚夏徵舒。由於夏姬長得很美，她與陳靈公以及陳靈公的臣子，大夫孔寧、儀行父都有姦情，他們時常穿著她的衣服在朝堂上開玩笑。大夫泄冶就勸諫靈公說：「君臣淫亂，要百姓們效法誰呢？大王雖然是一國之君，行爲卻如此不檢點，就不怕觸怒神靈，降下禍患嗎？」靈公就將這番話告訴孔寧和儀行父，他們請求殺死泄治，靈公沒有阻止他們，於是他們就把泄治殺了。泄治臨死前憤恨的說：「你們這群亂臣賊子，胡作非爲，觸怒神明，總有一天會大禍臨頭。」

一年後，靈公與孔寧、儀行父在夏姬家飲酒作樂，看到夏姬的兒子夏徵舒，就開玩笑說：「我看徵舒長得像你們兩個，搞不好是你們與夏姬所生的私生子。」孔寧和儀行父也戲謔著說：「依臣看徵舒長得像您才對。」大夫夏徵舒聽了就非常生氣，他走出大廳對隨從說：「大王實在太可惡了，他和兩個臣子與我母親通姦也就算了，又公然在朝堂上穿她的衣服到處炫耀，現在竟然還開玩笑說我是他們幾個姦夫的私生子，這口氣我實在嚥不下去。」夏徵舒在馬廄旁埋伏弓箭手，等到靈公一出來，就放箭射殺靈公。靈公當場被殺死，孔寧和儀行父害怕就逃往楚國，靈公的太子也逃到晉國去。夏徵舒自立爲陳侯。

楚莊王認爲夏徵舒身爲臣子，不論基於何種理由，都不應該誅殺國君，於是率領諸侯攻打陳國。他昭告陳國的百姓說：「你們不要驚慌，寡人並非要攻佔陳國，夏徵舒弒君，大逆不道，寡人要代替神明來懲治他而已。」楚莊王殺了夏徵舒之後，佔領了陳國，把陳國改成楚國的一個縣，正式劃入楚國領地中。群臣都來慶賀，只有申叔時沒有前來到道賀。楚莊王就派人去問他緣由，申叔時說：「大王原本是爲了道義才出兵討伐夏徵舒，如今人也殺了，還順便佔領了陳國，這種作法難道就不會觸怒神明了嗎？夏徵舒弒君固然不對，那大王您打著正義的旗號，實際上侵略別人的土地，這樣就正確嗎？您這種做法，以後要如何號令天下？所以臣拒絕前往慶賀。」楚莊王這才恍然大悟，就說：「寡人這就迎接陳國太子回國即位，成爲國君，把陳國的土地還給陳國百姓。」孔子編修《春秋》的時候，讀到這裡也大爲讚嘆：「楚莊王能即使省悟，聽從賢臣的話，改正從前的過失，扶持陳國的太子即位爲君，眞是一位賢能的君主啊！」

人物

夏徵舒，又號子南，卒於西元前五九八年。春秋時期官員。他爲夏姬之子，夏姬與陳靈公君臣通姦，徵舒遭受陳靈公等人侮辱，一氣之下就弒君，自立爲陳侯。楚莊王因夏徵舒弒君，而召集諸侯討伐他，陳國被攻佔，他被楚莊王誅殺。

釋評

古人認爲天地之間有神明存在，當君主昏庸無能時，神明就會降下災禍。如果君主對神明無所畏懼，繼續作威作福，不知自我警惕的話，就會導致民怨四起，最終人民揭竿起義，推翻舊有的政權，那局面就一發不可收拾了。當災禍發生的時候，很可能是國家發生問題的癥兆，如果不及時處理，很可能會釀成大禍，到時候再後悔就來不及了。

人禍，是上天給作惡之人的警告。夏姬是陳國大夫御叔的妻子，陳靈公和臣子的遺孀通姦，還在朝堂上戲謔宣揚，不僅不覺得自己有錯，還縱容臣子把勸諫的泄治殺死。這是因爲陳靈公荒淫無道、不知檢點，才會被夏徵舒所殺，完全是他自取其禍，也是他荒誕的行爲觸怒神明而遭受的懲罰。

名人佳句

不畏人知畏己知

這句話是清代的葉存仁說的，摘錄自他的詩句，意思是說：「人做了虧心事即使別人不知道，自己卻是很清楚，能瞞得了別人，卻無法免除自己良心的譴責。」俗語說：「舉頭三尺有神明。」做任何事之前都要先問問自己的心是否會不安，如果不安的話那就不要去做這件事。否則，即使能隱瞞得了社會大衆，神明也會知道，更重要的是自己一生都會在良心的譴責中度過。

原文

人謍人者，示以怨也。

譯文

人警告人的方法，是以怨恨警示。

事典

招致人怨的伯顏

元順帝繼任皇位時，爲了嘉獎伯顏輔佐皇帝的功勞，任命他爲中書右丞相、上柱國、兼修國史等職。後來燕鐵木兒之子唐其勢、塔剌海兩人因謀反被處死；軍政大權都掌握在伯顏手中，他的陰謀野心逐漸顯露。他放縱專權，任用自己的親信，變亂祖宗制定的法令，危害天下，更有意要想竄權奪位。伯顏安排自己的姪子脫脫擔任宮中的宿衛，以便就近監視皇帝的一舉一動，脫脫背後有伯顏撐腰，那些衛士都聽從他的指揮調遣。護衛精兵也由伯顏統領，皇帝身邊的護衛人員反而寥寥無幾。

伯顏的權勢滔天，順帝感到受到脅迫，心中怨恨，就對親信大臣說：「朕初登基時，他盡心輔佐，所提出的政見也都很爲百姓著想，朕以爲他是個可以託付政事的臣子，可是近來他獨攬大權，處處限制朕的自由，還派親信監視朕的起居，這也未免太過份了。」親信大臣說：「臣聽說一個人有了權力之後，容易被權力所引誘，伯顏的野心很大，恐怕他不會滿足只做陛下的臣子，陛下不可不提防啊！」脫脫也爲伯顏的野心逐漸壯大而憂心，順帝懷疑脫脫的忠誠，脫脫就向順帝表示忠心說：「臣雖然是伯顏的姪子，但也是陛下的臣子，所謂先有國後有家，先有君后有臣，臣願捨去私情以成全大義。伯顏的作法是對陛下不忠，已經引來朝中大臣許多人的怨恨，可是他自己還不知道，繼續專權跋扈，再這樣下去，國家恐怕要滅亡在他的手裡了。」順帝起先不相信脫脫的話，反覆派大臣去試探他，後來脫脫再三表明自己的忠誠，順帝才相信他。

順帝與脫脫以及其餘大臣，正密謀想要除掉伯顏，伯顏對此事並不知情，氣焰更加囂張。伯顏非常排斥漢族以及漢化，爲了防止漢人造反，他上奏請求說：「漢人頻頻造反作亂，陛下應該拿出魄力，誅殺張、王、劉、李、趙五姓漢族人，這樣看誰還敢存有反叛之心。」順帝說：「蒙古人統治中國，若是激化種族間的紛爭，只會讓漢人更加怨恨蒙古人。怨恨是人民對統治者的警告，如果朕置之不理，導致民怨沸騰，那後果不堪設想。」於是駁回伯顏的提議。伯顏構陷郯王徹徹篤，說他圖謀不軌，請求順帝讓他自殺，順帝沒有答應他的請求，伯顏就假傳聖旨處死徹徹篤。伯顏又上奏將帖木兒不花、威順王寬徹普化二人貶官，還沒等皇帝傳旨就擅自執行。順帝就對親信大臣和脫脫說：「伯顏近來實在太囂張了，朕屢次駁回他的提議，是希望他能有所收斂並且警惕，誰知道他不但不知自我檢討，竟然還變本加厲。朕沒有允許的事情他也去做，擅自決定朝中大臣官職的升降，操縱大臣的生死，究竟還有沒有把朕這個皇帝放在眼裡了？」脫脫說：「不能再放縱伯顏坐大他的權勢了，否則他遲早會廢帝自立，陛下要早些決斷才是。」順帝說：「朕雖然十分怨恨伯顏，但是宮中都是他的親信耳目，不可貿然行動，要靜待良機才是。」

有一次，伯顏請皇帝出外打獵。脫脫藉口說皇帝抱病不能前往。伯顏堅持請太子一同前往，脫脫認為這是剷除伯顏的良機，就和順帝的親信大臣商議，把他的謀劃告訴順帝。脫脫暗中扣留宮中所有門的鑰匙，接受皇帝的密令統領軍隊。當天夜晚，順帝親自來到玉德殿，主持兵符，發布號令。大約二更的時候，皇帝派護衛將太子接回皇城，四更鼓時分，順帝派大臣前往柳林宣布將伯顏調任為河南行省左丞相。伯顏派人到城下詢問原因，脫脫坐在城門上宣布說：「皇帝有旨罷黜丞相一人，其餘隨從官員赦免無罪。」伯顏請求當面向順帝辭別，順帝不同意見他。伯顏就只好奉旨上路。伯顏路過眞定，有位父老斟了一杯酒遞給他，伯顏問：「我盡心盡力輔佐陛下，想不到卻落到被貶官流放的悲慘下場，這到底是為甚麼呢？」父老說：「這是因為大人的所作所為引起皇帝與朝臣們的不滿，他們對您已經心懷怨恨已久，是大人從來不把他們的怨恨放在心上，所以才釀成今天的禍事，這怨不得別人，只能怪大人您自己忽略人們傳達給您的警訊啊！」伯顏慚愧的離開了。不久，順帝又將他流放到南恩州陽春縣安置，伯顏病死在途中。

人物

伯顏，元朝後期的官員，蒙古蔑兒乞部人。元成宗時，曾參與對海都汗的討伐，因有功勳武宗賜給他「拔都兒」的稱號。伯顏本爲武宗的侍從，武宗即位後，被任命爲吏部尚書等職。泰定帝去世後，當時執掌朝政的燕鐵木兒，想要擁立懷王即位，伯顏因爲護送懷王入京有功，懷王即位爲文宗後，屢次升遷官至中書右丞相。後元順帝即位，燕鐵木兒的兩個兒子謀反被殺，軍政大權落入了伯顏手中，從此以後他任用自己的親信、姪子爲高官，排除異己。順帝不滿伯顏的作法，將他治罪貶官流放。

釋評

人最大的缺失，就是只看到別人的缺點，卻忽略了自己的缺點。我們都希望自己是完美無缺的，當我們在審視對方的時候，常常能夠準確看到對方的缺點，然而在面對自己的時候，經常忽略缺點而只看到優點。這樣是很危險的，因爲很可能你的缺點在不知不覺的時候，已經帶給別人困擾甚至是災難，而自己卻不自知。有一個檢測自己的缺點是否造成別人苦難的方法，就是觀察別人是否會怨恨你，如果自己的所作所爲招致別人的怨恨，那麼這個怨恨就是警訊，是別人在警告你，你的做爲已經帶給別人苦難。這個時候應該自我警惕，檢討看看是哪裡做錯了，予以改正。若是一直放任不管，覺得自己沒錯，把罪責一味地推諉到別人身上，只會讓別人對你的怨恨加劇，最後到了一發不可收拾的時候，災禍就會降臨到自己頭上。

伯顏是一個很有野心的人，他獨攬大權之後，甚至不把皇帝放在眼裡。皇帝和許多大臣對他已經多所怨恨，他仍然繼續我行我素，甚至越過皇帝的職權，擅自處死郯王和決定官員的升遷。這種越俎代庖的作法，惹怒了順帝，最後皇帝剝奪他的職權，將他貶官流放，落得病死的下場。如果伯顏一開始，就正視皇帝與大臣對他的怨恨，有所警惕，作爲有所收斂，或許結局會截然不同。

名人佳句

足寒傷心，人怨傷國。

這句話摘錄自西漢黃石公所撰的《素書‧安禮章》，這句話的意思是說：「腳冰冷會損害心臟，人民怨恨會損害國家根本。」人民是國家的組成要件，沒有人民，國家也就不存在，因此民心的歸向一向是歷朝歷代君主最看重的，若是人民對統治者只存在怨恨、不滿，遲早會發動叛變，推翻統治者的政權。反之，如果一個領導者深受人民的擁戴，即便是無名小卒，也有黃袍加身的可能。因此，國家是否能長治久安，取決於人心向背，而人心的歸向又取決於統治者的作為，所以在上位者行為不可不謹慎，不能因為自己擁有權力就放縱耽溺，否則禍患不久就要降臨了。

原文

畏懲勿誡，語不足矣。有悔莫罰，責於心乎。

譯文

畏懼懲罰的人不要勸誡他，只是口頭上的警告是不夠的。對自己所犯的錯誤感到後悔的人不要處罰他，因為沒有一種處罰會比內心譴責更加煎熬。

事典

不聽勸告的馬謖

馬謖是三國時代蜀漢人，他擅長軍事謀略，深得丞相諸葛亮的器重。漢先主劉備卻不以為然，他臨終前對諸葛亮說：「馬謖這個人雖然受到大家的讚揚，才能卻很有限，不可重用他，你要仔細的觀察。」諸葛亮說：「陛下多慮了，馬謖此人謀略膽識過人，是難得的人才，若不能重用實在太可惜了。」他相信自己識人的能力，沒有聽從劉備的叮囑。劉備薨逝後，後主劉禪即位，諸葛亮就任命馬謖為參軍，時常通宵達旦與他談論軍政之事。

建興六年（西元二二八年），諸葛亮放話要經由斜谷道攻取郿（今陝西省郿縣東北），派趙雲、鄧芝為疑兵，攻佔了箕谷，魏國大將曹眞率軍前來抵禦。諸葛亮親自率大軍進攻祁山，軍隊嚴肅整齊，賞罰號令分明，諸將都聽從他的調遣。在諸葛亮的親自指揮下，蜀軍攻無不克，南安、天水、安定三郡的守將都反叛魏國，響應諸葛亮，他的聲威震動魏國關中。魏明帝鎭守長安，命張郃出兵迎擊諸葛亮，諸葛亮就派馬謖為前鋒統帥各軍，在街亭與張郃的軍隊交戰。馬謖擅自違反諸葛亮的布署，捨棄水源而上山，他的麾下王平就勸他說：「將軍貿然放棄水源，有違丞相的交代，行軍作戰最忌諱違反主帥軍令，私自行動，將軍這種作法恐怕不妥。」馬謖就說：「論軍事謀略，我的才能不會遜於諸葛亮，雖然他是這樣制定戰略，然而我身為將領也有當機決斷的職權，依我看如今的形勢要上山駐紮才是最穩妥的。」王平又說：「可是出發時都已經和眾士卒約定要佔據水源，如今將軍臨時更改指令，恐怕士兵們無所適從，若是導致命令前後不一，延誤軍機，那該如何是好？」馬謖說：「不會有這種事情發生，你儘管放心好了。」馬謖不聽從王平的告誡，執意要這麼做，導致行動指揮混亂，街亭一役，被敵軍大敗。

戰敗的消息傳到諸葛亮的耳中，讓他這次北伐功虧一簣，只好率軍退回關中。諸葛亮對於馬謖違反軍令一事，非常生氣，他派人將馬謖關押起來，並且責問他說：「為何違反軍令，擅自行動？」馬謖為自己的失誤進行一番辯解，諸葛亮生氣的說：「王平明明已經告誡過你不可擅自行動，你卻罔顧他的勸告，一意孤行，導致街亭一役戰敗，你若是不死，怎能對得起因爲你個人疏失而死去的將士呢？」於是諸葛亮就將他處死，並且向大家承認自己的錯誤。他上奏給劉禪說：「是臣識人不明，所以才導致街亭戰敗，臣身爲主帥，這件事應當負全責，我願意降職三級，做爲這次行動失誤的懲罰。」劉禪就回覆說：「這次戰敗完全都是因爲馬謖不遵號令，擅自行動所致，怎能全都怪罪於丞相。既然丞相已經有心悔過，並且承認自己的錯誤，朕也不忍心處罰你。」諸葛亮說：「《春秋》裡提到，主帥有了過失就要受到責罰，這此行動是由臣統籌與發號施令，將領有了過失，責任仍在臣的身上，因此臣受到懲罰是理所當然的。」劉禪就說：「既然您如此自責，朕也難以違背您的心意，那就將你的官職降至右將軍，只是放眼蜀漢無人可以代替丞相的職務，況且先主薨逝的時候，命你爲託孤之臣，難道丞相要違背對先主的承諾，棄朕與國家於不顧嗎？」諸葛亮說：「既然陛下這麼說，臣就繼續代理丞相的職務，直到陛下找到合適的人選。」

劉禪的親信就問他說：「諸葛亮這次戰敗，陛下爲何只降他官職，而不奪他的實權呢？」劉禪說：「對於爲了自己的失誤而感到後悔的人來說，心裡的愧疚比外在的處罰更讓他感到痛苦，既然丞相已經知道錯了，朕又何必咄咄逼人呢？況且，蜀漢根基未穩，曹魏仍虎視眈眈，像諸葛亮這樣的人才已經很少了，若是再失去他，又有誰能與曹魏抗衡呢？」劉禪繼續任用諸葛亮，他除了降職之外，仍然總管國家政務，就像從前一樣。

人物

馬謖，三國時蜀漢將領，生於西元一九〇年，卒於西元二二八年。馬良的弟弟，有才幹謀略，擅長用兵，深得諸葛亮器重，後與曹魏將領張郃戰於街亭，被郃所敗，諸葛亮追究馬謖的罪責，將他逮捕入獄處死。

釋評

有些人只畏懼懲罰，對於口頭上的警告一點也不放在心上，這種人往往要等到犯下難以挽回的錯誤時，才會意識到自己當初的決定是錯的，但這往往悔之已晚。對於這種人口頭上的警告是無效的，非得讓他們為自己錯誤的決定付出代價，接受法律的制裁，他們才會感到畏懼。

有些人對自己的失誤會耿耿於懷，往往為了這件事而懊悔不已。這樣的人不能再重責他，因為他已經受到良心的譴責，十分愧疚痛苦了，若是再重重的處罰他，會讓他更加的難過。相反的，要嚴懲的是那些即使是做錯事，也死不承認的人，因為他們不會懊悔愧疚，只有通過刑罰才能讓他意識到自己的錯誤，確保將來不會再犯。

馬謖不聽王平的勸告，執意違背諸葛亮的命令，才導致街亭一役失敗，等到他意識到自己的錯誤，為時已晚。諸葛亮因為識人不清，重用了馬謖，才有了街亭戰敗之事，他為此事自責不已，身為統帥卻誤用人才，也是他的過失，所以他才向後主劉禪請求自降三級。劉禪雖然能夠體恤他，認為街亭戰敗錯不在他，然而他堅持要接受朝廷的懲罰，劉禪也只好順著他的意思，卻仍然讓他兼任丞相的職務，並沒有剝奪他的實權。因爲劉禪知道諸葛亮心中已經自責愧疚不已，不宜再懲處他。況且，處罰做錯事的人，是爲了讓他能夠記取教訓，下次不再犯同樣的過失，對於那些自責愧疚的人來說，會將錯誤牢牢記在心裡，下次絕不再犯，所以並不需要再施以額外的懲罰了。

名人佳句

修己而不責人，則免於難。

這句話是春秋時代晉國將軍里克所說的，出自司馬遷《史記．晉世家》，意思是說：「修養自身而不責備別人，可以避免禍患。」有些人做錯了事情，不懂得自我檢討，反而將過錯推諉到別人的身上，這樣的人容易招致別人的怨恨，若是那個人挾怨報復，那麼就會大禍臨頭。最好的方式是，檢討自己的過失，不去責怪別人，學習對待別人寬容，如此一來，別人就不會心生怨恨，也就不會遭到橫禍了。

度心術

原文

勢強自威，人弱自慚耳。

譯文

權勢強的自然有威嚴，弱勢的人會自愧不如。

事典

田嬰的計謀

田嬰是戰國時代齊國的宰相，他的權力很大，齊王對他言聽計從。有人對齊王說：「一年的財政結算，大王如果不抽出幾天的時間來親自聽取報告，就不會知道官吏是否有貪汙舞弊的事情。」齊王覺得很有道理，就前往聽取。田嬰聽到這件事情後，很擔心自己貪汙收賄的事情被齊王知道，於是問他的幕僚說：「齊王一向不親自去聽一年的財政結算報告，現在馬上就輪到要聽取我的財政結算報告了，如果被他發現我私自收受賄賂，那該怎麼辦呢？」幕僚就說：「宰相大人權勢已經很大了，就算被齊王發現，他頂多也只是責罵您幾句，不會眞正懲治您的，大人不必擔憂。」

田嬰說：「我即使權力再大，也只是一國的宰相，哪比得上齊王有生殺予奪的大權，更何況是我自己有做貪贓枉法的事情，怎麼會不心虛害怕呢？」幕僚就說：「如果是這樣的話，在下有一計，大人就去向齊王要求也一同前往聽取您的財政報告，然後讓官吏把一年之間無論大小的收入帳目和憑證都拿去逐一向齊王報告，就算只是很小的收入也必須報告，如此一來全部聽完要花費不少的時間，說不定齊王覺得疲憊不堪，聽到中途就離席了，這樣大人不就得救了嗎？」

田嬰覺得很有道理，就命令官吏按照幕僚所說的去做，他自己去向齊王請求一起前往聽取自己的財政報告，齊王也欣然的答應了。齊王親自聽取田嬰的財政結算報告，項目繁多，他從早上一直聽到中午，吃完飯又坐下來繼續聽，聽到晚上感到很疲累，連晚飯也沒力氣吃。田嬰見齊王體力吃不消，就趁機對他說：「群臣一年到頭日夜不敢馬虎懈怠的事情，大王花一天的時間來聽取報告，群臣也就能得到鼓勵了，不必聽完所有的財政結算報告。」齊王說：「好吧。」於是便回去休息了，等到齊王睡著後，田嬰就指使官吏抽刀削掉憑證上的結算，特別是那些貪汙收賄的部份，從此以後，齊國的國政就開始混亂了。

人物

田嬰，生卒年不詳，也作陳嬰、田宴、陳宴，戰國時代齊國人，號靖郭君。爲孟嘗君田文的父親，齊威工之子，齊宣王之弟。齊國宰相。

釋評

權勢強大的人說起話來也有份量，自然就會讓人感到敬畏；而無權無勢的人，說話的氣勢就弱了一些，和那些有權勢的人相比，當然就會自慚形穢。權勢強大的人，甚至可以指鹿爲馬，對於無權無勢的平民百姓來說，他們也只能默默接受，即使心懷不滿，也不敢當場表現出來。一個人的威勢取決於他所擁有的權力大小，擁有至高無上權力的人，說話自然就有份量；相比之下，那些無權無勢的平民百姓面對這樣的人，恐怕連表達自己意見的地位都沒有。

田嬰已經是一國的宰相，擁有極大的權力，但在面對齊王的時候，仍然會害怕齊王發現他所做那些貪贓枉法的事情，因爲齊王擁有宰制臣下的大權，可以免除宰相的職務，所以田嬰才要派官吏拿刀削去憑證上的結算，毀滅證據，這樣齊王就不會抓住田嬰的把柄，治他的罪了。然而如此一來，齊國的國政就開始混亂，貪汙收賄的官吏得不到懲治，反而會變本加厲，對國家人民來說並不是一件好事。

名人佳句

權勢者，人主之車輿；爵祿者，人臣之轡銜也。

這句話出自西漢淮南王劉安所編纂的《淮南子．主術訓》，意思是說：「權勢對於統治者來說是車輛；爵位俸祿，是統治者控制臣子的手段。」統治者的威信來自於權勢，統治者一旦將賞罰大權轉移到臣下手中，統治者將任人宰割。而統治者將權勢牢牢抓在手中的方法，就是利用爵位與俸祿來控制臣下，有功的就賞，有過失的就罰。統治者之所以具有令人畏懼的威嚴，是因為他們手中握有一國中最大的權力，一旦失去權勢，即便還有君主的名號，也已經沒有君主的實權，這個時候他說的話就沒有分量了。因此，統治者必須掌握權勢，才能令人信服；反之，就只有任人宰割了。

原文

變不可測，小戒大安也。

譯文

變數是無法預料的，些許的警惕可以換來永久的安定。

事典

安於現狀的齊王建

田建是戰國時代齊襄王的兒子，襄王過世之後，田建即位爲齊王。田建的母親君王后輔佐朝政。當時秦國積極想要併吞六國，君王后很謹愼的維持與秦國的外交關係，齊國不與秦國交惡，也不介入秦國與其他諸侯國之間的戰事，因爲這樣的緣故，齊王建在位四十年齊國從未有過戰爭。有大臣勸諫齊王說：「自大王登基以來，一直都是君王后輔佐朝政，然而君王后的外交政策太過保守，雖然齊國不得罪秦國，也不參與諸侯國之間的戰事，但是秦王的野心已經暴露，秦國想要吞併六國的意圖很明顯了，齊國就算能暫時免於戰火波及，但等到其他諸侯國被秦國吞併之後，下一個就是我們齊國了，大王不可不早作打算。」齊王建說：「多虧太后的外交政策，才使齊國免於戰禍四十年，只要能維持現狀寡人就心滿意足了，至於以後的事情，等事情發生了再作打算也不遲。」大臣就說：「大王怎能一味的安於現狀？要知道秦國實行遠交近攻的政策，對於距離秦國近的國家就攻打，離秦國遠的國家就交好，然而秦國最終的目標都是吞併六國，一統天下，即便齊國能暫時免於戰禍，也無法永遠維持現狀，如果大王不思進取，不爲齊國長遠打算的話，齊國遲早有一天會被秦國所滅。」齊王建覺得他在危言聳聽，沒有採納他的建議。

君王后過世後，后勝擔任齊國的宰相，當時齊國有許多賓客，他們都勸齊王建要與其餘六國交好，一起對抗秦國。秦國知道這件事後，就派使者賄賂后勝，后勝收下秦國送來的金銀珠寶，就讓這些賓客前往秦國，那些賓客回來以後，全都改變說辭，勸齊王建朝見秦王，不做戰爭的準備。齊王建在宰相后勝與眾賓客的勸說下，終於決定前往秦國拜見秦王。出發前夕，雍門司馬上前勸說：「齊國設立國君，是爲了國家，還是爲了大王您啊？」齊王說：「是爲了國家。」司馬道：「既然是爲了國家才設立國君，大王又爲何拋棄國家前往秦國呢？」齊王建覺得他說的話很有道理，就下令掉轉車頭返回。雍門司馬覺得齊王建能採納他的建議，打消前往秦國的念頭，覺得齊王建還是可以商量大計的，就入宮覲見齊王說：「齊國土地廣大，擁有忠臣良將，明明可以與秦國一較高下，卻甘願臣服於秦國，做它的藩屬國，臣實在替大王感到不值啊！」齊王建說：

「寡人並不想改變現狀與秦國爲敵，秦國強大又豈是區區齊國可以與它抗衡的？若是戰敗寡人豈不只是成爲齊國的罪人，這是萬萬不可的啊！」

秦國又派陳馳出使齊國，陳馳說：「秦王要送給大王五百里地，只要大王前往秦國簽訂盟約，就能獲得土地，這種有利於齊國的事情，料想大王不會拒絕吧？」齊王建很是心動，就決定前往秦國。等到他進入秦國後，就被秦王捉起來，放逐在荒郊野外，最後活活餓死。

人物

齊王建，本名田建，生於西元前二八〇年，卒於西元前二二一年，戰國時代齊國君主。齊襄王逝世後，田建即位，君王后輔政，長達四十多年沒有戰事。君王后病逝後，由后勝擔任齊國宰相，他接受秦國的賄賂，勸齊王建前往秦國，拜見秦王。雖然雍門司馬等人勸阻齊王，最後他還是敵不過秦國的誘惑到秦國去，最後被秦軍俘虜，將他流放，因缺少食物而被餓死。

釋評

人往往容易滿足於現狀，喜歡過安逸的生活，厭惡戰爭與改變，這樣的人沒有認清實際情況，沉湎於自己安穩的幻想之中。然而，敵人卻不會因此就放棄攻打，安逸的生活遲早也會有打破的一天。我們在生活安定時，更要保持警惕，看清情勢的發展，早點爲了將來的變動做好準備，如此才能從容不迫的面對未來時局的變化。否則，變化一旦發生，再想要準備就已經太遲了，最後只能像砧板上的魚肉任人宰割。

君王后爲了不使齊國捲入諸侯國之間的征戰中，選擇獨善其身，雖然能讓齊國在四十年之中沒有戰事，然而她始終看不出局勢的走向，強大的秦國正逐漸吞併其餘五國，等到五國都被消滅之後，齊國孤立無援，到時候也逃脫不了被吞併的命運。齊王建也沒有遠見，只看到眼前的小利，就前往秦國，結果被秦王所擒，最後落得被流放餓死的下場。這便是安逸的日子過久了，缺乏危機意識，所以不要一味的安於現狀，要有看清局勢的慧眼，才能做出最正確的決斷。

名人佳句

不滿是向上的車輪，能夠載著不自滿的人類，向人道前進。

這句話是中國近代名作家魯迅說的，摘錄自《熱風・隨感錄・六十一不滿》。大多數的人都喜歡安逸的生活，他們對目前的生活感到很滿意，就不會想去追求改變，而腐敗與墮落也多在這種想法中產生。想要積極進取，有所進步，就必須要勇於踏出舒適圈，迎向痛苦與磨難，唯有在艱難困苦的環境中，才能激發出潛能。原地踏步或許可以過上幾年舒適安逸的生活，然而這個世界並不會因為你停下腳步就不再進步，若干年後你會發現，這個世界在進步而你卻故步自封，最後被殘忍的現實給打敗。所以，人要不斷的積極向上，勇於追求改變，這樣才能永遠領先別人。

度心術

原文

意可曲之，言虛實利也。

譯文

意圖可以曲解，以謊言換取實質的利益。

事典

以夢境斷案的符融

符融是東漢名士，他在當司隸校尉的時候，遇到一樁離奇的案子。有個叫董豐的人，出外遊歷三年才回來，他晚上住在妻子家，當晚妻子被賊人殺死了，妻子的兄長懷疑是董豐做的，就把他移交官府。在官府的嚴刑拷打之下，董豐只好承認。

符融審閱此案時覺得奇怪，就問董豐說：「你遠行回來，可有遇到甚麼怪異之事？有找人替你占卜過嗎？」

董豐回答：「我出發前一晚做了一個怪夢，我夢見騎在馬上往南渡河，回來後往北渡，又從北方往南方渡河。馬停在水中央，無論怎麼鞭打牠，馬都不前進。我低頭一看，有兩顆太陽在水中，馬左邊那顆太陽白色浸在水中，右邊那顆黑色且在岸上。我醒來後心臟跳個不停，覺得這件事很不吉利。回來當晚，又做了同樣的夢。我把這件事告訴占卜的人，占卜的人說我可能會吃上官司，有牢獄之災，要我小心謹愼洗髮和枕頭。我回家後，謹記占卜者的話，妻子晚上給我一個新的枕頭，我不敢用，偷偷拿個東西墊著睡了；妻子要幫我洗髮，我也拒絕了。」

符融說：「我知道殺你妻子的兇手是誰了。」董豐問：「大人如何知道？」符融說：「我從你晚上所做的夢境推測出來的，左邊的太陽浸在水裡是爲冰，右邊是馬，合在一起就是一個馮字。兩顆太陽，疊在一起就是個昌字。殺你妻子的人應該就是馮昌。」於是把馮昌抓來審問，上了公堂他就全招供了，說：「你外出不在的這段時間，我和你的妻子私通，我們商量好等你回來就把你殺掉，這樣我就能和她在一起。夜晚視線不明，我們約好以新的枕頭爲記號，誰知你沒用她給你的枕頭，我這才殺錯了人。」

這件官司了結之後，董豐被無罪釋放，他前往向符融拜謝說：「如果不是大人善於解夢，從我的夢中推敲出線索，到現在我的冤情還難以洗刷。」符融說：「我哪裡是懂得解夢，我其實早就已經派人暗中查訪過了，得知殺你妻子的人是馮昌，但因爲缺乏證據無法派官吏前往拘捕他，那天你說起你的夢境，我不過是曲解了夢境中的含意，讓大家以爲夢中所現的徵兆指馮昌是兇手，這樣我就有足夠的理由逮捕他歸案。」

人物

符融，字偉明，中國東漢名士。陳留郡浚儀縣（今河南省開封市西北）人。符融年輕時爲都官從事，負責監督百官，觀察他們是否有違法的行爲，符融不屑爲之，就辭官求去。後遊歷太學，拜少府李膺爲師。當時漢中晉文經、梁國黃子艾，自恃才華智慧在京城炫耀，謊稱自己臥病不起，讓仰慕他們名聲的人求見一面而不可得。符融發現他們只是沽名釣譽之徒，就去太學向李膺檢舉他們這種可恥的行爲。這件事傳開了。晉文經、黃子艾二人從此名聲衰落，他們自慚形穢，就偷偷逃走了。符融因爲此事而更加出名。後因黨錮之禍，遭到禁錮。符融終身不再出仕。

釋評

曲解意圖是爲了達到目的一種手段，這是一種善意的謊言。有的時候，不方便直接道出眞相，曲解意圖以委婉的手段更容易讓人所接受。反之，若是墨守成規，堅持不說謊話，有的時候反而會令事情更加棘手。所以，爲了順利推到事情的發展，善意的謊言是可以被接受的。

古人多半迷信，認爲通過夢境可以昭示吉凶，然而以夢境斷案聞所未聞，應當是符融原本就知悉事情的眞相，故意曲解董豐的夢境，以此委婉的來指證兇手，這樣的方式比較能讓人接受。

名人佳句

人之將死，其言也善。

這句話是春秋時代的曾子所說，摘錄自《論語．泰伯》，意思是說：「快要死的人，說的話較為可信。」人有時候會透過說謊來達到自己的目的，唯有快要死亡的人，才能夠放下一切利益得失，說出事情的真相。

誅心卷

誅人者死，誅心者生。征國易，征心難焉。不知其恩，無以討之。不知其情，無以降之。其欲弗逞，其人殆矣。敵強不可言強，避其強也。敵弱不可言弱，攻其弱也。不吝虛位，人自拘也。行偽於讖，謀大有名焉。指忠為奸，害人無忌哉。

度心術

原文

誅人者死，誅心者生。征國易，征心難焉。

譯文

殺人會被判死罪，降伏人心才能夠生存。征服國家容易，征服民心困難。

事典

多爾袞的高壓政策

清軍入關，崇禎帝在煤山自縊，多爾袞進入皇宮的時候，明朝的將領官員都在朝陽門外迎接。多爾袞爲了安撫百姓，下令麾下將士不得擅自闖入民宅，所以京城的百姓沒有收到滋擾，像往常一樣過日子。多爾袞還下令替崇禎帝發喪三天，以帝王的禮儀下葬。明朝投降的將領，仍然依照明朝的官職繼續從事政務。

多爾袞爲了籠絡人心，薄徵賦稅，減輕刑罰，但即便如此，仍有許多漢人百姓不服滿清的統治，希望能夠恢復明朝，而且還有李自成、張獻忠等人率軍與清軍對抗。多爾袞爲了打壓漢人，就下令官吏和百姓都要薙髮，改穿滿清的服裝，這個政令引發漢人的不滿。

多爾袞就下令說：「凡是違反薙髮令的，全部當成叛軍亂民處置，一律誅殺。」多爾袞的親信勸他說：「對於漢人來說，身體髮膚受之父母，不可輕易毀傷，現在要他們薙髮，簡直是要了他們的性命，只怕會引來漢人的不滿與更激烈的抵抗。」

多爾袞說：「本王就是擔心漢人官吏百姓會反抗滿清統治，所以才實施一連串安撫的政策，已經下令厚葬崇禎皇帝，也善待明朝百姓，可是仍然有些人沒有放棄反清復明，繼續與清軍爲敵，我們雖已入關，然而根基未穩，如果不用高壓政策打壓他們，徹底斷絕漢人反清復明的念頭，接受滿清的統治，他們有朝一日一定會群起反叛，到時候就更難鎮壓。」

親信就說：「可是您用如此極端的手段，要漢人官民在短時間之內就薙髮易服，豈不是更加深了他們反抗的情緒，如果控制不當，恐怕滿清也無法長久的執政，不如先緩一緩。」多爾袞覺得他說的有道理，就暫緩薙髮令的施行。

明福王朱由崧在江寧稱帝，許多明朝大臣都擁戴他，想要反清復明。多爾袞得知部份明朝官吏百姓仍未打消反抗滿清統治的念頭，於是又再次下達全民薙髮的政令，企圖打壓這些不服從滿清統治的官民。薙髮令不僅沒有讓明朝官民服從滿清的統治，反而促使他們更激烈的反抗，有些已經歸順清廷或正準備歸順的百姓，因爲這項政令，又組織起軍隊激烈反抗。他們說：「大家都不滿朝廷爲何要我們一定要把頭髮剃掉，我們究竟犯了甚麼大罪，要遭到這種羞辱。」

百姓爲了保留頭髮，紛紛起來反抗清朝，反抗的行動遍布全國。多爾袞得知此事後，他派清軍前往鎮壓，但反叛勢力仍未消除。多爾袞對此事感到十分頭疼，就問親信說：「現在該如何是好？」親信說：「我先前就勸過您，不可過度打壓漢人百姓，否則必會遭到他們激烈的反抗，如果這種局面，完全是您一手造成的啊！事到如今，只有撤回政令，或許可以挽回民心。」多爾袞說：「不可，朝令夕改，這是爲政者的大忌，況且繼續保留明朝服飾，只會引起漢人百姓更加思念前朝，一樣會群起反叛。」親信說：「我的看法恰恰相反，薙髮只會爲那些想要反清復明的亂黨找藉口，讓更多百姓群起響應，不僅得不到收服民心的效果，反而更激起他們的反抗之心。」多爾袞並沒有聽從親信的建議，堅持推行薙髮令，把不肯薙髮的民眾殺掉，並且將他們的頭懸掛在竹竿上示眾。漢人抵制薙髮持續很多年，後來在清廷的高壓政策下，才完全消除。

人物

多爾袞，生於西元一六一二年，卒於西元一六五一年，皇太極的弟弟。勇敢擅長謀略，聰明睿智，因功勳封爲和碩睿親王。皇太極去世後，扶持年幼的福臨即位，清軍入關，滿清入主中原，攝政輔佐，死後謚號忠。

釋評

想要制伏對方，最重要的是要制服對方的心，如果因爲對方不服從在上位者，就把他殺掉，這是最低劣的辦法。因此，最好的辦法就是降伏對方的心，讓他心悅誠服地聽從在上位者的命令。

以治理國家來說，想要征服一個國家，最重要的是讓這個國家的人民，心悅誠服地聽從統治者的命令，而非只是以武力脅迫鎮壓。武力只能讓人民心生害怕，而不敢反抗，然而若是情節嚴重，人民爲了捍衛自己的尊嚴和生命，寧願鋌而走險與統治者來個魚死網破，最後即便成功制伏了暴動的百姓，也必定損失不少軍力。

爲了防止兩敗俱傷的局面發生，最好的方式就是恩威並施，多以懷柔政策安撫百姓，除非不得已不要動用軍事力量，不然雙方的死傷只會加重敵我之間的對立，這些對立會引發仇恨，成爲將來推翻朝廷政權的力量，引發國家動盪的危機。

多爾袞入關以來，厚葬明朝的崇禎皇帝，又薄斂賦稅，不准軍隊騷擾百姓，這些都是令明朝百姓感恩戴德的德政。然而薙髮令卻讓漢人十分反感，他們認爲損毀頭髮就是損害生命與尊嚴，更是對父母祖宗的侮辱，並且加深了滿漢之間的仇視與對立，這樣的政令是十分不明智的。

名人佳句

惟賢惟德，能服於人。

這句話是摘錄自西晉陳壽所撰的《三國志·蜀書二·先主傳》，意思是說：「只有賢能與品德，才能夠讓人心悅誠服。」獲得人心並非是用嚴刑峻法令人民心生畏懼，而是用德行慢慢去感化他們，讓他們發自內心的願意服從統治者的領導，這樣才是成功降伏人心的方法。

度心術

原文

不知其思，無以討之。不知其情，無以降之。

譯文

不了解對方的想法，就無法討伐他。不了解對方實際的狀況，就無法降服他。

事典

三心二意的陳伯之

南北朝時代，南齊皇帝蕭寶卷殺害尚書令蕭懿，蕭懿的弟弟蕭衍就起兵討伐蕭寶卷，攻打建康城。當蕭衍起兵後，蕭寶卷就任命陳伯之率領軍隊，陳伯之並以尋陽城爲守抵抗蕭衍。後來蕭衍俘虜了陳伯之的麾下，便派他去勸陳伯之投降，應許他江州刺史等職。陳伯之雖然有些心動，內心仍然猶豫不定，他對親信說：「如今局勢尚未明朗，如果背棄皇上投降歸入蕭衍麾下，萬一蕭衍戰敗，那我豈不是要背負叛降的罪名？」親信就說：「將軍不妨用拖延策略，找個藉口延遲投降的時間，等到局勢明朗再做打算也不遲。」陳伯之就對蕭衍說：「大軍不久就前來投降。」蕭衍聽到這樣的答覆，就對眾將說：「原本還不知曉伯之的心意，現在得到他的答覆，我很可以肯定他還在觀望，雖然想要投降我方，卻又難以捨棄舊主，我們需要逼一逼他。」於是蕭衍就率軍攻打尋陽城，陳伯之被逼得退到南湖，這才投降到蕭衍麾下。

後來蕭衍率軍攻打建康城時，每當有人出城投降，陳伯之就把他叫來跟他說悄悄話。蕭衍看到他這樣的舉動，就對眾將說：「陳伯之雖然歸降我軍，但是他的內心還是割捨不下南齊，看來我必須得設法讓他徹底斷了回歸南齊的念頭才行。」有一位將領說：「若是不知道陳伯之心中在想甚麼，那我們還真的無計可施，現在既然已經知道他的心意，那事情就好辦了。」他向蕭衍獻策，蕭衍也覺得可行，就悄悄的對陳伯之說：「我聽說建康城裡的人對你在江州投降的事情，感到非常憤怒，要派人來刺殺你，你可要小心點。」

陳伯之對蕭衍的話半信半疑。這時蕭寶卷的將領鄭伯倫出城投降，蕭衍就派他去對陳伯之說：「建康城裡的人都很恨你，想要寫信要你投降，好去領賞。等到你投降的時候，就活生生地割掉你的手腳；如果你不肯投降，就派人刺殺你。你可要多加防備。」陳伯之對親信說：「起初蕭衍對我說城裡有人想要殺我，我還不太相信，現在連鄭伯倫都這樣說，我不得不相信。」於是陳伯之心生恐懼，從此打消回歸南齊的念頭。

人物

陳伯之，睢陵人，生卒年不詳。起初是南朝齊國將領，鎮守江州（今江西省九江市）。梁武帝蕭衍招降他，仍然任命他爲江州刺史。後因與蕭衍有嫌隙，又聽從部下鄧繕等人挑唆，起兵反梁，投奔北魏。西元五〇五年梁將蕭宏領兵北伐，北魏派陳伯之出戰，他屯兵壽陽梁城（今安徽省壽縣）對抗梁軍。蕭宏命丘遲寫信招降他，招降書文情並茂，最後感動陳伯之，讓他又投降歸梁，復官通直散騎常侍。

釋評

想要令一個人臣服，就要了解他的想法，才能投其所好，讓他心悅誠服。如果不了解他的想法，就貿然以武力恐嚇，或者贈送金銀珠寶巴結，都有可能拍錯馬屁，令對方更加反感，這樣不僅無法收服對方，反而會與他離得越來越遠。

同樣的，想要降服一個人，就要對他的實際情況瞭如指掌，這樣才能獲得足夠的情報資料，以制定令他臣服的適當方案。每一個人的性情與實際情況都有所不同，表面上顯現出來的不一定就是眞實的樣貌，有可能只是假象。因此，爲了揭露對方眞實的情況，就不能被表面上的現象給迷惑，收集足夠的資料，才能做出最準確的判斷，然後再根據對方的情況動之以情，曉之以理，才能收到最大的成效。

梁武帝蕭衍擅長觀察人心，他從陳伯之的答覆就能準確判斷，他並非是眞心想要投降，陳伯之只是想要尋找一個對他最有利的明主前往投靠，這樣的人就算眞的投降，也未必能一心一意的爲新主效力。

蕭衍逼迫陳伯之投降後，又看出他眷念舊主心態，就故意派降將對他說建康城的人都很恨他，斷絕他回去投靠舊主的心思，最後蕭衍的計策果然奏效。

名人佳句

我見，我來，我征服。

這是西元前一世紀羅馬大將軍凱撒（Julius Caesar）的名言，英文是"**I see, I come, I conquer.**"征服一個國家和征服一個人道理是相同的，用在收服人心上可以詮釋為：「我見」，我親眼所見的真實情況，不僅僅憑藉著別人的陳述就輕易地下定論，而必須親眼見到實際情況，才能準確的判斷對方的狀況，以避免獲得錯誤的資訊而判斷錯誤，這樣很可能會令對方更加反感。「我來」，親自到一個地方進行考察，才能了解真實的情況。「我征服」，想要令有才幹的人心甘情願為你做事，必須投其所好的征服他，或以武力脅迫，或以金錢權勢利誘，但前提是必須完成上述兩個步驟，即是對想要收服的人才的情況與想法有真實的理解，不能被表面的假象所蒙蔽，如此在征服他的時候，才能事半功倍。

原文

其欲弗逞，其人殆矣。

譯文

他的欲望得不到滿足，這個人就危險了。

事典

顏率的謀略

戰國時代，秦國率軍攻打東周，要求東周君獻出國之重寶九鼎，東周君爲了這件事感到憂心如焚，於是召集眾大臣商量解決的辦法。大家討論了半天，也想不出好的辦法，大臣顏率就說：「秦國強大，憑東周的兵力無法與之抗衡，爲今之計，只有向齊國借兵，齊國在諸侯國之中算是大國，只要齊王願意出兵，一定能夠擊退秦軍。」東周君說：「沒有好處的事情誰願意去做，齊國怎麼願意出兵助我們擊退秦軍？」顏率說：「東周的九鼎象徵周天子的威嚴，誰要是能得到，等於拿到天下，若是我們承諾將九鼎給齊國，想必齊國國君一定願意出兵相助。」東周君說：「九鼎如此重要，怎能輕易給人？」顏率說：「這只是緩兵之計，若不以各諸侯國都想要的九鼎為籌碼利誘齊王，齊王怎麼會肯出兵相助？人的欲望是無窮無盡的，人往往為了滿足欲望而將自己陷入危險的境地而不自知，齊王只看到眼前的利益，而忽略了背後的危險，必然會願意出兵協助東周，先解決了眼前的危機，其他的事情以後再說。」東周君雖不情願，也准許了顏率的提議。

顏率前往齊國，對齊王說：「秦國仗著自己兵力強大，就任意的侵略其他諸侯國，企圖想要擴張自己的領土，現在更肆無忌憚的兵臨城下，向東周索討國寶九鼎。我們君臣商議之後，一致都認為，與其把九鼎這麼貴重的寶器給暴虐的秦國，還不如獻給大王，只要大王願意出兵協助東周抵抗秦軍，吾主就願意將九鼎獻給齊國。這樣齊國既能獲得拯救弱小國家的美名，又能得到九鼎，正可謂一舉兩得，何樂而不為呢？」齊王聽了很高興，就出兵協助東周擊退秦軍。

沒多久，齊王就派遣使者前往東周向東周君索討九鼎，東周君很是憂慮，就召顏率前來商討，顏率說：「君王不必憂慮，臣將啓程前往齊國解決此事。」顏率就到齊國面見齊王說：「感謝齊王出兵協助東周擊退秦軍，吾主為了感謝大王的協助，願意獻上九鼎，請問大王要從哪條路運送九鼎呢？」齊王說：「寡人打算借道梁國。」顏率說：「千萬不能這樣做，梁國覬覦九鼎已久，若是經過梁國把九鼎運送回齊國，難保梁國不會半途搶劫。」齊王就說：「那麼就借道楚國。」顏率說：「這樣也不行，楚國很早就想得到九鼎了，他們為此已經蓄謀已久，若是借道楚國，豈不是正中他們的下懷？」齊王說：「那寡人要從哪裡把九鼎運回齊國呢？」顏率說：「九鼎並非是像醋瓶醬罐那樣容易運送的東西，當初周武王討伐殷紂王獲得九鼎之後，為了拉運一鼎就動用了九萬人，九個鼎一共耗費了八十一萬人力。除此之外，還要準備相應的搬運工具和糧食等物資，臣擔憂大王無法籌備這麼多的人力與物資，就算能準備齊全，也不知該從哪條路把九鼎運到齊國，這正是臣為大王憂慮的啊！」齊王只好放棄索要九鼎，等到顏率離去後，齊王召大臣前來陳述這件事，大臣就對齊王說：「大王當初出兵協助東周擊退秦軍時，只看到眼前的利益，完全忽略了背後隱藏的危機。以為只要出兵協助東周，就能獲得九鼎，顏率就是算準了這一點，才敢輕易的把如此貴重的九鼎許諾送給齊國，他就是打定主意，大王一定無法將九鼎搬運回國，您這是中了顏率的計謀啊！」齊王這才恍然大悟，原來他是被欲望蒙蔽雙眼，而忽略了背後隱藏的危機，這才讓東周君占了便宜。

人物

顏率，《戰國策》中記載的謀士。生卒年不詳。

釋評

人的欲望是無窮無盡的，想要制服強大的敵人，只要不斷拋出利益引誘，他們必定抵擋不住利益的誘惑，傾盡全力的追求它，而忽略追求利益背後可能引發的危機。

齊王就是只看到眼前的利益，以爲只要出兵幫助東周退秦，就能得到象徵天子地位的九鼎，所以欣然出兵相助，卻沒有想到運送九鼎需要耗費龐大的人力與物資，這根本不是齊國能夠負擔的。齊王也只能摸摸鼻子自己認栽，平白無故出兵協助東周卻沒有得到任何好處。

名人佳句

螳螂委身曲附欲取蟬，而不知黃雀在其傍也。

這句話是出自漢代劉向編纂的《說苑．卷九．正諫》，意思是說：「螳螂做出捕食的姿態要去捕捉蟬，卻忽略了在牠身後虎視眈眈的黃雀。」這是「螳螂捕蟬，黃雀在後」的成語典故，我們往往只看見眼前的利益，卻忽略了隱藏在利益背後的危機，這是被利益引誘而迷惑了雙眼，如果不能抵擋得了利益的誘惑，冷靜的思考分析利害得失，很容易就中了敵人的圈套。

原文

敵強不可言強，避其強也。敵弱不可言弱，攻其弱也。

譯文

敵人強大，不可以在他面前說強勢的話，這是要避其鋒芒。敵人弱小，不可以在他面前說軟弱的話，必須攻擊他的弱點。

事典

避敵鋒芒的許彥眞

五代十國時期南漢君主劉鋹在位時，很寵信鍾允章，拔擢他爲尙書右丞、參政事，政務都交給他處理，他的權勢很大。鍾允章想要誅殺幾個違法亂紀的奸邪之徒，劉鋹不答應。有人將此事告知內侍監許彥眞，說：「鍾允章權勢很大，朝政都由他一人把持，越來越不把大人您放在眼裡，他想要肅清的那幾人中，其中就有宦官，看來他是醉翁之意不在酒，表面上是想要懲處他們，實際上是想要對付大人，大人您不可不防啊！」許彥眞說：「陛下登基不久，很多事情都倚重鍾允章，現在他權勢這麼大，我們可不能和他硬碰硬，以後若是見面還是要卑躬屈膝爲好，放送他的戒心，等到時機成熟，再一舉對付他。」

有一次，劉鋹在圜丘祭祀，鍾允章帶領禮官登上祭壇，指揮旁人擺設神位，許彥眞看到就說：「鍾大人這是要謀反啊！」他就帶劍登上祭壇，想要將鍾允章拿下，卻被喝斥。許彥眞也沒有和他叫囂怒罵，就下祭壇快馬回到宮中，向劉鋹稟告說：「鍾大人圖謀不軌，臣看到他登上祭壇，衆臣都聽從他的指揮，他只不過是一個臣子，卻代行天子之事，這謀反的意圖還不明顯嗎？臣登上祭壇想要阻止他，卻被鍾大人喝斥，若是陛下再放任他囂張下去，恐怕南漢就要易主了。」劉鋹聽了很生氣，說：「朕待允章不薄，眞是豈有此理！」劉鋹就命人逮捕鍾允章，將他綑綁在含章樓下。

鍾允章流著淚，對好友禮部尚書薛用丕說：「老夫今日被仇人所害，他日等我的兒子們長大成人，你一定要跟他們說我所受的冤屈。」許彥眞聽到就很生氣的罵道：「你這個反賊還想要讓你的兒子替你報仇？我絕對不會給你這個機會。」他就向劉鋹告狀說：「那天登上祭壇的還有鍾允章的兩個兒子，他們一家三口全都圖謀不軌，陛下千萬不能心軟放過他們。」劉鋹就命人將他們父子三人一同斬首。

從此以後宦官氣焰更加囂張，劉鋹在經過這件事之後更加寵信宦官。許彥眞就向劉鋹諫言說：「鍾允章之所以會造反，是因爲他有妻子兒女，他所做的一切都是爲子孫打算，所以才會有謀反篡位之心，如果陛下重用宦官，一來宦官對陛下絕對忠誠，二來他們沒有妻兒自然也只能終於朝廷，比起那些大臣們來得可靠得多。」劉鋹覺得他說的話很有道理，從此之後只任用宦官，凡是有傑出的人才想要入朝做官，或是想要向皇帝獻上治國方略的，全部都要先去勢，然後才能面見皇上。也有一些人想要晉身仕途的，爲了討好皇上，見皇上一面前都先自宮，在這種風氣盛行之下，宦官的人數居然達到將近兩萬人。受到皇帝眾用的人，大多都是宦官，沒有自宮的讀書人不准干預朝政，最後南漢因爲這種歪風而亡國。

人物

許彥眞，五代十國時期人物。南漢官員。任職內侍監。向南漢君主劉鋹進讒言殺害大臣鍾允章。他和龔澄樞成爲南漢朝廷的權臣，後與龔澄樞爭權，兩人有嫌隙。許彥眞被龔澄樞告發許彥眞和先朝妃子李麗姬私通，彥眞心中恐懼，謀劃要殺龔澄樞，反被龔澄樞誣陷謀反，誅滅全族。

釋評

面對強大的敵人要懂得避其鋒芒，與他硬碰硬吃虧的總是自己，養精蓄銳等待時機，等到敵人處於劣勢時，再一鼓作氣的擊垮他，才能成功。

敵人雖然弱小，但若是瞧不起他，說些輕蔑的話語，不但不會令敵人屈服，反而會激怒對方，引起反彈，進而攻擊自身。即使再弱小的敵人，也是有他的攻擊性存在，如果惹怒了對方，吃虧的還是自己，所以要懂得隱忍，抓住他的弱點，適時攻擊他的要害，以求一擊擊垮，不要留給他苟延殘喘的機會。

鍾允章原本得到皇帝的寵信，擁有很高的權勢地位，相比之下宦官許彥眞就處於弱勢，他雖然看鍾允章不順眼，並沒有當面與他起衝突，而是抓住他的把柄，趁機向劉鋹告狀，誣陷他有謀反意圖。等到鍾允章被逮捕時，他因爲不懂得隱忍，以爲看似弱小的許彥眞不敢對他的兒子下手，就向禮部尙書薛用丕交代遺言，要薛用丕在他死後把他的冤情告訴他的兒子。不料，此舉反而引起許彥眞的憤怒，以爲他是要兒子替他報仇，乾脆一不作二不休，就向劉鋹進讒言，說他們父子三人都有謀反之心，最後鍾允章和他的兩個兒子一起走上了黃泉路。

名人佳句

天下莫柔弱於水，而攻堅強者莫之能勝，其無以易之。

這句話是春秋時代老子所說的，摘錄於《道德經．七十八章》，意思是說：「天下沒有什麼事物比水更加柔弱，然而看似柔弱的水卻能勝過天下最堅強的東西，沒有什麼東西能夠戰勝水。」水是天下最柔軟的東西，用刀劍等堅硬的物品無法砍傷它，不僅如此，當山洪爆發時，水甚至能摧毀這世間上看似無堅不摧的城牆、高山岩壁，因此天下間沒有比水更強的東西了。我們待人處事也是相同的道理，在面對那些比我們強勢的人的時候，要懂得收斂自己的脾氣，不要和他硬碰硬，否則受傷的只會是自己，要懂得隱忍，等待適當的時機，看準敵人的弱點，再一舉出擊，才能給敵人致命的一擊。

原文

不吝虛位，人自拘也。

譯文

不吝惜賜予有名無實的官位，讓人爲了獲得名利權勢而爲君主賣命。

事典

籠絡人心的劉志

東漢桓帝劉志（正式謚號爲孝桓皇帝）在位時，大將軍梁冀陰謀叛亂，劉志下令捉拿，命司隸校尉張彪領兵圍住梁冀的宅第，沒收大將軍的印綬，他的妻子自殺，梁冀同黨也被誅殺。太尉胡廣也因此事而受到牽連，被免去職務。皇帝劉志下詔說：「梁冀奸詐殘暴，毒害孝質皇帝劉纘，造成皇室宗親的混亂。朕與永樂太后母慈子孝，她地位尊崇，朕與她關係十分親密，卻因梁冀從中作梗，禁止她返回京師，使得朕無法承歡膝下，享受母親的愛，無法報答養育之恩。梁冀禍害國家皇室甚鉅，所以治他死罪，以謝天下。」詔書一下，眾朝臣紛紛附和皇帝的旨意，一起數落梁冀的罪狀，認爲他的叛逆亂黨。

有大臣上奏皇帝說：「有罪之臣該罰，有功之臣也當封賞，陛下身邊就是因爲沒有忠心的臣子，所以才會受到梁冀的箝制，所幸奸臣已經誅滅，陛下應當封賞有功之臣，這樣才能讓他們更加盡心爲陛下效力。」皇帝劉志說：「愛卿說的有理，宦官單超、徐璜、具瑗、左悺、唐衡五人誅滅梁冀有功，應當封賞他們。」大臣又向劉志諫言說：「除了這五個有功的臣子應當封賞之外，還應當大肆封賞其餘眾臣。」劉志問：「這是甚麼緣故呢？」大臣說：「讀書人寒窗苦讀數十年，所求的不過是晉身仕途，以獲得名利權勢，陛下不妨大肆封賞親友知交，給他們嚐點甜頭，這樣他們才會更加忠心的爲陛下效命，對於陛下並沒有壞處，爲甚麼不做呢？」劉志說：「可是朝廷並沒有這麼多職缺，該封賞他們甚麼職務才好呢？」大臣說：「不需要授予他們實權，只要給他們虛名頭銜，讓他們掛個名就好，這樣他們爲了獲得更高的權位，才會爲陛下效命。這就是利用人心的欲望，利用名利權勢將他們束縛住，讓他們不敢有謀反的心思，只能乖乖地聽從陛下的命令。」劉志就聽從這位大臣的諫言，封賞單超等五人爲縣侯，尹勳等七人爲亭侯，其他和皇帝有私交恩德的老朋友，也都受到封爵。

人物

東漢桓帝劉志，生於西元一三二年，卒於西元一六八年。西元一四六年，外戚大將軍梁冀毒死年僅九歲的漢質帝，劉志十五歲登基即位。劉志年幼時就對梁冀專權感到不滿，他即位後，處處想方設法誅滅梁氏一族。

延熹二年（西元一五九年），劉志聲稱梁冀謀反，聯合宦官單超、徐璜、具瑗、左悺、唐衡五人一舉殲滅了梁氏，五人因剿滅梁冀有功而被封侯，稱之爲「五侯」。五侯專權比外戚更加嚴重，導致朝政腐敗墮落，他們恣意搶劫百姓財物，公然勒索，導致百姓怨聲載道，民不聊生，使得朝政更加衰敗，國勢越來越弱。桓帝末年，一批太學士要求皇帝整肅宦官、改革吏治，宦官知道後很氣憤，就與主張整肅吏治的司隸校尉李膺發生衝突，因而觸怒桓帝，下令將擁護李膺的太學生兩百多人逮捕入獄，史稱「黨錮之禍」。桓帝沉迷女色，荒淫無度，後宮多達五千餘人，卻沒有子嗣。桓帝薨逝時，享年三十六歲，死後謚號孝桓皇帝。

釋評

人都很難抵擋名利權勢的引誘，所以想要人心甘情願的爲你賣命，就要不吝惜給他們升官加薪的機會，人心的欲望是很難滿足的，在嚐過一點甜頭之後，就會不由自主地想去追求更多，如此一來，他們就會更加忠心的爲主上效命。反之，若是捨不得給予他們升官加薪的機會，他們很可能會對原心效忠的人失望，轉而投靠其他人，因此，適當的給予他們官位是籠絡人心的一種手段。為了籠絡人心而授予的官職不必是有實權的職務，表面上的虛名頭銜已經足夠籠絡人心，他們若是想要獲得實權，自然就會憑藉實力去爭取，如此一來上位者拉攏人才的目的就達到了。

桓帝劉志就很懂得籠絡人心，在大將軍梁冀垮台之後，他大舉封賞有功的臣子，以及對他有私恩與舊交情的朋友，讓他們更加忠心的為他賣命，穩固了自己的權力。

名人佳句

爭名者於朝，爭利者於市。

這句話出自漢代劉向編輯的《戰國策．秦策一》，意思是說：「在朝廷為官的人追求名位，在市集上做生意買賣的商販追求的是利潤。」人的欲望無非是名利權勢，在朝為官的人追求的是更高的名位，有了名位之後就有了權勢，這時趨炎附勢的人就會上門，利益也隨之而來。即便是在市集上做生意的販夫走卒，每日辛苦忙碌，也是為了金錢的利潤。所以想要讓一個人能被自己所用，就要給予他們想要的名利權勢，這樣他們才願意為你效力。若是捨不得賞賜官爵與錢財，那麼對方也不會心甘情願的為你所用。

原文

行僞於讖，謀大有名焉。

譯文

捏造讖緯預言，這樣謀求大事就師出有名。

事典

《赤伏符》的預言

東漢光武皇帝劉秀，原本是個種田的農夫，喜歡耕作下田，他的兄長劉伯升與他恰恰相反，喜歡招攬俠士，崇尚武藝，他經常譏笑劉秀甘於種田，不思上進。劉秀生逢亂世，當時正是王莽末年，國內連年蝗災，盜賊四起，民不聊生。有一年，南陽鬧饑荒，各家門客都當盜賊四處偷別人的糧食與財物，政治非常混亂。劉秀到新野躲避禍亂，把收成的穀物拿到宛城賣出。宛城有個叫李通的人，一向很仰慕劉秀的才華，想要追隨他成就一番大業，但他知道劉秀這個人甘於平淡，寧願當一個在鄉下種田的農夫，也不想揭竿起義，建立一番功業。

他爲了勸說劉秀起兵，故意捏造說：「我昨天做了一個夢，夢見天神對我說，劉氏將會推翻王莽統治政權取而代之，而你們劉氏兄弟就將成爲輔佐他的人。」劉秀聽了就覺得很荒謬，笑著說：「這不過只是一個夢而已，不能當眞。」他賣完穀物，在回家的路上就想，兄長劉伯升喜歡結交俠士門客，想必一定會趁這個時候起兵推翻王莽政權，況且朝政已經很腐敗了，就算他們劉氏兄弟不起兵，別人也會造反，他就和兄長、李通等人謀劃，決定舉兵起事，開始購買兵器，做好出兵的準備。

劉伯升招兵買馬，招攬兵馬起義，打敗王莽納言將軍嚴尤、秩宗將軍陳茂，進而圍攻宛城。劉氏兄弟擁立劉玄爲天子，稱爲「更始帝」。劉玄任命劉伯升爲大司徒，劉秀爲太常偏將軍。起初劉伯升與劉秀盡心輔佐劉玄，但後來隨著劉氏兄弟在軍中威望大增，劉玄擔心劉伯升兄弟二人會造反自立爲帝，便找個理由將劉伯升殺掉。劉秀得到兄長遇害的消息之後，雖然心中難過，卻擔憂自己將會是劉玄下一個加害的目標。他只好低調行事，打了勝仗卻不敢以軍功自居，也不敢爲兄長服喪，飲食言笑如平常一樣。劉玄見了感到慚愧，爲了彌補心中的虧欠，就拜劉秀爲破虜大將軍，封武信侯。

劉秀隨著功勳日漸增加，在軍中的威望也大增，劉秀麾下的將士就勸他說：「王莽篡漢自立，高祖劉邦的子孫無法繼任大統，王莽殘暴不仁，引起百姓與豪傑的不滿，大王與伯升兄率先起義，更始帝劉玄，卻憑藉宗室資格占據帝位，而不能繼承大業，綱紀敗壞，盜賊不減反增，百姓遭殃。大王初戰昆陽，王莽潰敗；後又攻克邯鄲，北方州郡才得以平定；三分天下有其二，擁有百萬雄兵，放眼當今天下哪方勢力的武力能與您抗衡，您的仁德更不在話下。像您這樣才德兼備的人，才有資格登基稱帝，這也是天命所歸，眾民所望，希望大王不要拒絕臣的提議。」

劉秀沒有接受他的諫言。過了一段時間，眾位將領又再次請求劉秀稱帝，劉秀就說：「寇賊還沒有剿滅，四面受敵，何必這麼急忙稱帝呢？將軍們請出去吧！」耿純見機不可失，就繼續勸說：「我們這些平民百姓離鄉背井，拋妻棄子，跟隨大王衝鋒陷陣，爲的就是想要建功立業，實現自己的志向。現在功業即將告成，天象也已經有所昭示，人心也歸向大王，各將領與謀臣都聚集在此，四方響應。大王卻一再猶豫不決，違背眾人的心意，遲遲不肯稱帝，我擔心眾將士會心寒，而紛紛求去，眾人若是散離，就很難再聚在一起，請大王不可違背民意啊！」耿純的話讓劉秀深受感動，他說：「我會認眞考慮。」

諸將對於劉秀的態度很是憂心，擔心他始終不肯稱帝，剛好這時民間流傳一本預言書，名爲《赤伏符》，裡面說：「劉秀發兵捕不道，四夷雲集龍鬥野，四七之際火爲主。」意思是說劉秀將會稱帝，成爲天下之君。諸將士就私下商議說：「大王遲遲不肯稱帝，是因爲沒有一個充分的理由，如果假託是上天的旨意，那麼大王就不能違背了。這本書既然在民間流傳，代表百姓們也希望大王稱帝，我們不如以此勸說大王，相信大王就無法再繼續推拖下去了。」於是將士們就把這本書拿給劉秀看，又趁機進言說：「現在連上天的神明都希望您稱帝，您若是違背上天的旨意，恐怕會觸怒神明，降下災禍，到時候國家百姓就危險了，與其如此，何不順應大家的願望呢？」劉秀說：「既然這是上天的旨意，那我也只能勉爲其難的答應了。」於是劉秀在鄗城即皇帝位，改元建武，國號仍爲漢，史稱東漢。後來他平定了天下，成爲東漢第一任皇帝。

人物

劉伯升，本名劉縯，伯升是他的字。兩漢之際的人物。生於西元前十六年，卒於西元二三年。漢朝宗室大臣，漢高祖九世孫南陽郡蔡陽縣（今湖北省棗陽市西南）人，漢光武帝劉秀是他的胞弟。他帶領劉秀發動起義，大破新莽軍隊，深受將士們愛戴，他讓位給更始的劉玄，被拜爲大司徒，封爲漢信侯。後因爲受到劉玄猜忌，而被劉玄聯合李軼和朱鮪設計殺害。劉秀建立東漢後，追封爲齊武王。

釋評

想要有一番大作爲，就要有正當的名義，如此人心才會順服。在古代封建迷信的思想裡，捏造上天的預言是最好用的辦法，許多君主當他們揭竿起義或者想謀權篡位時，爲了得到正當的理由，讓自己師出有名，也爲了讓天下臣民相信，他就是上天派來成爲天子的人選。如此一來，那些迷信讖緯預言的愚民百姓，就會相信並擁戴他。這固然是一種工於心計的權謀，歷史上出現的許多讖緯預言大多都是竄權奪位者自己捏造出來的，利用人心迷信的心理，所使用的一種蠱惑人心的手段。

劉秀是一個品德端正的人，他是農民出身，給大家的感覺是忠厚老實而且值得信任，所以當時許多豪俠與士大夫都願意追隨他。依照史書的記載，他也不是一個貪戀權位的人。《赤伏符》就是所謂的讖緯預言書，有人說是那些爲了諂媚討好劉秀的人製作的，也有人說是劉秀自己製作的，無論眞相爲何，這本讖緯預言書對於劉秀登上帝位，也起了推波助瀾的功用。當然，劉秀能稱帝靠的還是他的品行與本事，如果他是一個庸碌或者是殘暴的人，就算有讖緯預言，也無法幫助他登上帝位。所以，讖緯預言只是一種輔助，並不能當成一種成就大事的主要手段。

名人佳句

衰世好信鬼，愚人好求福。

這句話出自東漢王充撰寫的《論衡．解除》，意思是說：「世道動亂的時候人們喜歡迷信鬼神，愚笨的人喜歡祈求福氣。」

利用讖緯預言出兵起義推翻暴君，或者是謀權篡位，大多數都是在世道昏亂、盜賊四起，民不聊生的時候，因為這個時候人們的生命安全沒有保障，只能祈求上天派來一位救世主拯救萬民，就容易產生迷信鬼神的心理。在這種時候，絕大多數的人都會相信這種人為捏造的讖緯預言，這也是為了滿足人們心中的期望。對於愚笨的人來說，他們不懂得努力以爭取上進的機會，只想要依靠祈求鬼神降福予他們；而聰明的人懂得創造機會，他們依靠的是自己的努力得到福氣，並不需要去祈求鬼神來保佑他們。畢竟，鬼神是否存在不可驗證，即便真的存在，去求祂們的庇祐未必能夠奏效，想要改變現狀，迎來幸福人生，還是得依靠自己的努力。

原文

指忠爲奸，害人無忌哉。

譯文

誣陷忠臣爲奸臣，陷害別人就可以沒有顧忌了。

事典

被誣陷謀反的周亞夫

周亞夫是漢代人，年輕時有個人替他看相，說：「你將來會飛黃騰達、封侯拜相，但位極人臣九年之後，您將會死於飢餓。」周亞夫不相信相士的話，他笑著說：「家兄已經繼承父親的爵位，他若是死了，也會由他的兒子接替，封侯這種事情怎麼輪得到我呢？就算你說的是真的，我大富大貴，又怎麼會餓死呢？這不是自相矛盾嗎？」三年後，周亞夫的兄長絳侯周勝之犯了罪，文帝從周勃的兒子中挑選賢能的人繼任，大家都推舉周亞夫，於是封他爲條侯，接續絳侯的爵位。

文帝很看重周亞夫的才幹，便授予他中尉的官職。文帝臨終時，對太子說：「國家如果發生戰亂，可讓周亞夫領兵，他足可擔當重任。」文帝去世後，景帝即位，授予周亞夫車騎將軍的官職。景帝三年（西元前一五四年），吳、楚等七國叛亂。周亞夫由中尉升任太尉，領兵攻打吳、楚叛軍。周亞夫請示皇帝說：「楚兵勇猛速度很快，與他們正面交戰對我們不利，不如放棄援救梁國，我軍繞道後方斷絕他們的糧道，這樣才能出奇制勝。」景帝也同意他這麼做。周亞夫將各路軍隊會集到榮陽後，吳國叛軍正在進攻梁國，梁國形勢危急，請求援救。周亞夫卻領兵躲在堡壘中不出來。梁國使者天天向他求救，周亞夫認爲堅守不攻對己方有利，不肯發兵救援。梁國於是上書將這件事告知景帝，景帝就下詔命周亞夫出兵救援梁國。周亞夫卻抗旨不遵，仍堅守營寨堡壘不肯出兵，卻派遣輕騎兵去斷絕吳、楚叛軍後方的糧道。吳國軍隊因缺乏糧食，屢次向周亞夫所率領的軍隊挑戰，周亞夫始終不出來應戰。吳軍因爲缺乏糧食補給，只能撤退離去。周亞夫就趁機派精兵前往追擊，大敗吳軍，將吳國叛軍俘虜，他們走投無路只好投降。周亞夫只用了三個月就平定了吳、楚的叛亂。梁王卻因周亞夫見死不救，而對他懷恨在心。

周亞夫立了大功回朝，朝廷升他爲丞相，景帝很器重他。後來，景帝執意要廢黜太子，周亞夫極力爭辯，最後也沒能勸阻。景帝心裡卻因此與他有了嫌隙，對他逐漸疏遠。梁王每次進京朝見景帝，都跟竇太后說周亞夫的壞話，竇太后也開始討厭周亞夫。

有一次，竇太后奏請封皇后的兄長爲侯，景帝說：「這件事需要和丞相商議。」景帝詢問周亞夫對這件事的看法，周亞夫說：「高皇帝曾下令，非劉氏族人不能封王，若有人違反這個規定，那麼天下人都能討伐他。王信雖然是皇后的兄長，但沒有軍功在身，不能封他爲侯。」景帝聽了心裡很不高興，對周亞夫更加的不滿。

不久，景帝在皇宮中召見周亞夫，賞賜他一桌酒菜，景帝故意爲難他，在宴席上只放了一大塊肉，肉沒有切成小塊，也沒有筷子。周亞夫心裡很不高興，轉頭就命人去取筷子。帝看笑著說：「這些還不能讓你滿意嗎？」周亞夫脫下帽子謝罪，趁景帝不注意時快步離開。景帝瞧見了，就說：「一點小事就心懷不滿，這樣的臣子日後勢必不能輔佐太子。」這話暗示周亞夫可能不甘心只當一名臣子，同席的大臣就說：「陛下既然對周亞夫心有不滿，何不革除他的職務呢？」景帝說：「周亞夫擔任丞相，要除掉他需要有充足的理由，否則天下人會恥笑朕沒有容人的雅量。」大臣就說：「這還不簡單，自古以來謀反是重罪，只要周亞夫有謀反之心，要除掉他還不容易嗎？」景帝說：「朕身爲天子，豈能隨意編排罪名陷害自己的臣子，卿這番言論欠缺考慮啊！」

這件事過了沒多久，周亞夫的兒子買了五百件殉葬用的盔甲盾牌，打算等到父親過世後用的，他僱人把東西搬回府上，卻藉故不給銀子。那些僱用的工人知道他偷買天子用的器物，一氣之下就告到景帝那裡，說周亞夫的兒子要謀叛。

景帝交給官吏查辦，官吏責問周亞夫可有此事，周亞夫拒絕回答。景帝知道後很生氣，就罵他說：「朕已經忍你很久了，既然你不配合調查，你也別在朝廷做官了。」就下令把周亞夫交給廷尉審問，廷尉責問說：「你是想造反嗎？」周亞夫說：「我是買陪葬品，跟造反有何關係？」廷尉說：「你縱然不在地上造反，也要到地下去造反吧！」周亞夫說：「你們這是羅織罪狀陷害忠臣，既然想要給我編排罪名，何愁找不到理由呢！是陛下讓你們這麼做的嗎？」廷尉聽了很生氣，更加緊迫的逼問他。周亞夫承受不了這種侮辱，就絕食而死。

人物

周亞夫，生年不詳，卒於西元前一四三年。漢代沛縣（今江蘇沛縣）人。武侯周勃之子，繼承父親爵位受封條侯，文帝時爲將軍，治軍有方深得文帝信賴，景帝時討平七國之亂，受到重用，官拜丞相，後來與景帝有了嫌隙，被人誣告謀反，景帝下令交給廷尉審問，入獄氣憤絕食五日，吐血而亡。

釋評

這是古代奸臣陷害忠良常用的手段，在封建社會制度下，謀反是滅族的重罪，意味著要推翻統治者的政權，所以誣陷他人謀反是剷除政敵的絕佳方法。而謀反的罪名，也未必一定要起兵作亂才算數，只要有謀反的意圖就足以定罪，意圖往往是自由心證，只要有一點點蛛絲馬跡，便能隨便誣陷他人，天馬行空的大作文章，因此想要證明對方有謀反的意圖就容易得多了，例如：大量囤積武器、招兵買馬、在文章中影射等等，這些都足以用來指證他人謀反，這也就是爲何古代冤獄那麼多的原因。

周亞夫也是被誣陷謀反，他得罪景帝而不自知，故而當有人誣告他謀反時，無論是否屬實，景帝心裡就已經對他產生懷疑，才命廷尉審問。周亞夫受不了廷尉的嚴刑逼供，氣憤之下在獄中絕食而死。

名人佳句

怪小人之顚倒豪傑，不知慣顚倒方為小人。

這句話摘錄自明代陳繼儒所撰的《小窗幽記》，意思是說：「責怪小人顚倒是非誣陷豪傑，卻不知習慣顚倒是非的人才是小人。」我們只會責怪小人顚倒是非，卻忘記小人之所以是小人，是因為他們顚倒是非黑白，羅織罪狀誣陷豪傑忠良，如果不恥這種行徑作風的人，就不能稱作是小人了。

國家圖書館出版品預行編目資料

度心術 / 李義府著，曾珮琦譯註. -- 初版. -- 臺中市：好讀, 2020.10 面； 公分. -- （經典智慧；70）

ISBN 978-986-178-527-1（平裝）

494.3 109013700

好讀出版

經典智慧70

度心術

填寫線上讀者回函
獲得更多好讀資訊

原　　著／李義府
譯　　註／曾珮琦
總 編 輯／鄧茵茵
文字編輯／莊銘桓
發 行 所／好讀出版有限公司
台中市 407 西屯區工業 30 路 1 號
台中市 407 西屯區大有街 13 號（編輯部）
TEL:04-23157795 FAX:04-23144188 http://howdo.morningstar.com.tw
（如對本書編輯或內容有意見，請來電或上網告訴我們）
法律顧問　陳思成律師

讀者服務專線／ TEL：02-23672044 / 04-23595819#212
讀者傳眞專線／ FAX：02-23635741 / 04-23595493
讀者專用信箱／ E-mail：service@morningstar.com.tw
網路書店／ http : //www.morningstar.com.tw
郵政劃撥／ 15060393（知己圖書股份有限公司）
印刷／上好印刷股份有限公司
如有破損或裝訂錯誤，請寄回知己圖書更換

初版／西元2020年10月1日
初版二刷／西元2023年9月15日
定價：320元

Published by How-Do Publishing Co., Ltd.
2023 Printed in Taiwan

ISBN 978-986-178-527-1